U0098565

人力資源

策略管理

何永福 博士　楊國安 博士　著

三民書局

國家圖書館出版品預行編目資料

人力資源策略管理 / 何永福,楊國安著.－－初版十刷.
－－臺北市：三民，2009
　　面；　公分
參考書目
ISBN 978–957–14–1938–1　（平裝）

1. 人事管理 2. 人力資源

494.3　　　　　　　　　　　　　　　81006555

© 　人力資源策略管理

著 作 人	何永福　楊國安
發 行 人	劉振強
著作財產權人	三民書局股份有限公司
發 行 所	三民書局股份有限公司
	地址　臺北市復興北路386號
	電話　(02)25006600
	郵撥帳號　0009998–5
門 市 部	(復北店)臺北市復興北路386號
	(重南店)臺北市重慶南路一段61號
出版日期	初版一刷　1993年2月
	初版十刷　2009年8月
編　　號	S 491810

行政院新聞局登記證局版臺業字第○二○○號

有著作權・不准侵害

ISBN　978-957-14-1938-1　（平裝）

http：//www.sanmin.com.tw　三民網路書店

自　序

　　近年來人力資源管理在理論和實務上有重大的改變，不僅人力資源管理作業的範疇逐漸增加，人力資源管理的特性產生根本上的轉變，那就是以經營成效爲中心觀念的人力資源策略管理。本書分別以動態和靜態的模式架構介紹人力資源管理的策略性。並希望藉此引起專家學者和人力資源管理從業人員的回響。

　　本書共分七大部分。第一部分是人力資源的分析、策略和目標，介紹人力資源管理的模式和基本精神，其中包括「企業外在環境」、「企業內在環境」和「人力資源管理目標」等三章。第二部分是人力資源支援性作業，主要是介紹企業人力資源管理的基礎作業，個中包括「人力資源規劃」、「員工能力和工作分析」、「績效評估制度的建立」和「績效評估制度的運用」等四章。第三部分是人力資源的取得，包括「員工招募」、「人才甄選的制度」和「甄選方式和運作」等三章。第四部分是人力資源的發展，包括「員工流動」和「永業管理」兩章。第五部分是人力資源的報酬，包括「企業薪酬制度」、「個別員工的薪酬和獎勵」和「員工福利制度」等三章。第六部分爲人力資源的維護，包括「工作設計和時間」、「工作安全與職業保護」和「勞資關係」等三章。最後部分是人力資源管理的未來，個中包括「人力資源電腦化」、「國際人力資源管理制度的比較」和「人力資源管理發展的方向」。

　　本書得以完稿付梓，首應感謝三民書局劉董事長的熱心和耐心的支持。其次，筆者有此機會和能力撰寫，實得亞洲基金協會支助得以完成學業所致，在此一併致謝。在撰寫過程中，家人的鼓勵和支持更值得感

激。當然書中謬誤必多，皆應由筆者負責。最後筆者願以此書獻給我們的雙親。

何永福於美國密西根大學

楊國安於美國舊金山州立大學

一九九三年元月

人力資源策略管理

目　次

自　序

第一章　人力資源管理概論　1

第二章　企業外在環境　15

第一章
人力資源管理概論

在企業生產的活動、政府機關的業務、學校的教學、醫院的醫療等不同工作中，我們發現一個共同特性，那就是這些工作都是經由每個組織的成員或個人才得完成。企業若僅僅設立部門，賦予員工不同的工作，那並不保證員工就會完成所交付的工作，企業生產活動的流暢、產品的精良、和競爭優勢的獲得，都需要良好的管理。

人力資源管理即在透過人力資源分析策略、規劃及作業，並配合其他管理功能，達到企業的整體目標。在當前變動環境下，產品競爭國際化，產業升級的壓力逐日增加，產品品質日益精良，科技大幅度進展，員工水準大爲提升，人力成本相對提高，這些都提升人力資源管理在企業中的重要性。

⑴人力資源成本在所有經濟生產體系成本結構中所佔的比例相當高。研究顯示在很多企業中 55%的企業營運成本乃直接或間接與人力資源費用有關，尤其在服務業逐漸取代生產製造業的經濟發展趨勢下，這個比重只有上升而不會下降的。

⑵產品國際化是未來的趨勢，區域間的經濟合作和交通運輸業的發展，產品已沒有國界，競爭亦無國界。企業不但要在生產、行銷、財務上與其他企業競爭，在人力資源管理上亦復如此。企業不再有多餘的資源可以浪費。不但如此，企業若想在國際競爭上佔一席之地，需要積極尋求如何有效利用所有人力資源，充分發揮員工的潛能，增強企業的競

爭能力。對於那些在邊際經營效率的企業，有效的人力資源管理可以影響企業的生存與否。

(3)企業經營的整體性已是管理上不變的原理，不同企業功能的搭配是企業經營成功的祕訣。行銷的優勢和業務人員的表現是需要良好的人力資源管理搭配，也唯有相同的人力資源管理體系才會造成產品競爭的優勢。因此除了良好的生產計畫和技術、健全的市場營銷網路、有效的財務系統外，先進的人力資源管理也是不可缺少的。企業的人力資源管理就如汽車四輪的一輪，少了它企業無法營運下去，如果做不好，企業也難達到經營目標。

(4)隨著科技發展和教育普及，員工的水準大爲提高，人力投資也相對提高，有效發揮人力資源，益發重要。不僅如此，人口結構的變化、工作特性的改變、工作與員工的搭配、不同背景員工的整合協調，進而到員工態度的改變、信念的培養、和行爲的影響都需要專業人員從事這方面的工作，人力資源管理也就愈發趨於專業，其重要性就不可同日而語。

(5)近年來日本經濟起飛，其企業經營有凌駕歐美之勢，日本式管理遂受到普遍的重視，尤其是日本本身缺乏天然資源，土地也貧瘠而狹小，加上戰爭的破壞，居然能在短短數十年間，變成經濟大國，其成功原因之一乃在日本企業有良好的人力資源管理。員工以廠爲家，盡心盡力的貢獻己力，企業雇用的安排已是日本人力資源管理的招牌，再一次反映企業人力資源管理的重要性。

本書目的即在上述急遽轉變的經濟、技術和競爭環境中，分析人力資源管理所具有的中心觀念和特性。

·人力資源管理的策略性·

有效人力資源管理必須按每個企業不同需要和條件加以設計和實行。因人力資源管理人員不但要了解企業外在環境的影響，也應認識內

在環境的條件，進而有效地規劃出有系統的人力資源策略和政策。這些
策略和政策是人力資源措施和作業的前提，具有方向性，使所有人力資
源管理作業有一致性，不但彼此能相互搭配，也能彼此連貫，這些策略
也具有目標性，提供企業評估自身人力資源作業的成果，進而發展出最
適合企業自身的一套人力資源管理系統。

・人力資源管理的整體性・

　　人力資源管理既然是根據企業外在環境的影響，分析企業內在環境
和條件，發展出一套有系統的作業。這項系統化作業必然具有整體性，
作業的最終目標不在作業的本身，乃在更高層次的因素和條件，使得人
力資源管理能與其他管理作業相互搭配，因爲這些管理作業的推展都來
自同一層次的條件和要件，那就是企業經營策略。其使得人力資源管理
更能發展其支援性、服務性的功能，同時也使得人力資源作業變成整體
經營中不可缺少的部分。**圖 1-1** 概略地說明這些作業間的關係。

圖 1-1　　企業經營系統

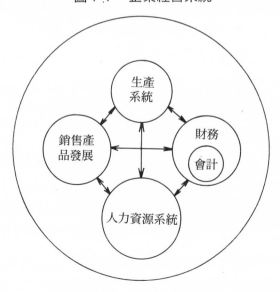

· 人力資源管理的特異性 ·

人力資源管理是在諸多產業結構、勞動市場、政府法令、工會要求、外在環境影響和自身文化、企業策略、生產技術、財務能力等因素下所發展的系統作業。每一個企業都有其不同的因素和背景，所發展的人力資源系統自不盡相同。這種獨特性正反映企業整體的經營條件，也代表了企業在經營上所應遵循的方向，所以沒有一套固定的人力資源作業是不必修改而加以引用的，也沒有一套放諸四海而皆準的最佳人力資源管理作業，企業必須自己分析、研究，找出一套適合自身的人力資源管理系統。

· 人力資源管理的時空性 ·

人力資源管理不是一成不變的，雖然企業可以發展出一套適合自己的人力資源管理系統，這套系統的有用性乃在當初所處的因素和背景下，如果環境發生變化，因素條件改變，企業在經營策略上必須做一調整。同樣的，人力資源管理的策略和政策也必同時跟進。日本式管理的挑戰，不是要我們依樣畫葫蘆，原本照抄日本企業如何經營，而是要我們學習日本企業是處在何種環境下，其等又如何經營管理。所以良好的人力資源管理，應在我們自身所處的環境下，按照本書所提供的模式和理念，發展出一套適合自己的管理系統。因此，人力資源管理應因時而異、因地而變，是機動性的管理，不是一成不變的作業。

第一節　人力資源管理的涵義

所謂人力資源(Human Resources)就是企業內所有與員工有關的資源，包括員工的能力、知識、技術、態度和激勵。人力資源管理(Human Resources Management)，顧名思義是指企業內人力資源的管理。簡單的說，人力資源管理是指企業內所有人力資源的取得、運用、和維護等

一切管理的過程和活動。而人力資源策略管理(Strategic　Human Resource Management)乃是人力資源管理中最近期的發展，其基本信念是企業內一切人力資源管理作業必須配合企業整體競爭策略和形勢，有系統地和相互配合地設計和推行，以加強企業競爭效果並完成企業整體的目標。本書的信念和重點就是以人力資源策略管理爲骨幹，介紹人力資源管理作業的內容及其功能。

　　人事管理(Personnel　Management)和人力資源管理並無重大區別，在某種情形下，這兩個名詞是相近的，本書中也常互換使用就是這個原因。然而本書仍是以人力資源管理爲主要用語，其用意有三點：(1)人力資源管理是比較新的名詞，代表人力資源管理的領域有新的拓展，也表示原先人事管理作業有新的方法或涵義；(2)人力資源管理的資源二字，明顯地說明人力資源就好像其他資源，如資金、物料、機器等，個中有雙重涵義。一方面資源表示成本代價，需要良好管理，另一方面則表示一種投資好像廠房一般，需要合理回收；(3)人力資源管理比較具有動態和積極的涵義，尤其本書是以人力資源策略爲骨幹，強調策略的積極性、整體性、和機動性。人力資源管理是與本書的精神重點一致。

　　人力資源策略管理的內容可分七大部分：(1)人力資源的分析、策略、和目標；(2)人力資源的支援性作業；(3)人力資源的取得；(4)人力資源的發展；(5)人力資源的報酬；(6)人力資源的維護；(7)人力資源管理的未來。爲了有系統地介紹人力資源策略管理，本書即根據上述七大部分，分設章節加以介紹。

1.人力資源的分析、策略及目標

　　(1)企業的外在環境：認識企業的外在環境因素，分析這些因素對企業人力資源運作的影響。

　　(2)企業的內在環境：分析企業內在經營的方向和特徵，進一步發展人力資源管理策略。

(3)人力資源管理目標：確定企業人力資源目的，並尋求衡量目標的指標及達成目標的政策和做法。

2. 人力資源支援性作業

(1)人力資源規劃：企業所需人力在量方面總體的預估分析。

(2)員工能力和工作分析：企業所需人力在質方面個體的預估分析。

(3)績效制度的建立：確認評定方法，以評定員工的工作表現，與原定人力資源管理目標相呼應。

(4)績效制度的運用：探討績效制度實際執行的技巧和困難。

3. 人力資源的取得

(1)員工招募：為羅致人才，企業透過各種媒介，招來應徵者的過程。

(2)員工甄選架構：提供甄選的模式，並分析甄選決策之決定過程。

(3)員工甄選運用：介紹員工甄選的方法及其運用。

4. 人力資源的發展

(1)員工流動：說明員工流動的現象及其管理方法。

(2)永業管理：探討永業制度的形成、規劃及發展，以及員工未來長期的發展。

(3)員工訓練和發展：在討論加強員工工作能力的方法和作業。

5. 人力資源的報酬

(1)企業薪酬制度：介紹企業薪酬制度的目的及建立方法。

(2)個別員工的薪酬：介紹員工一般及特定薪酬制度的運用。

(3)員工福利制度：福利制度的設計、實施和檢討。

6. 人力資源的維護

(1)工作時間及設計：介紹工作設計方法及工時的安排。

(2)工作安全及職業保健：工作安全的重要及意外的預防措施。

(3)勞資關係：介紹工會的形成及其功能和影響。

7. 人力資源管理的未來

(1)人力資源電腦化：人力資源電腦化的重要性和運用方向。

(2)國際人力資源管理制度的比較：分析比較美、日人力資源管理及未來發展因素。

(3)人力資源管理發展的方向：結合科技發展、人口結構變化、企業競爭國際化、管理理論的演進，提出一些努力的方向。

基於上述，人力資源管理最終目的在衡量企業的內在、外在環境，按照企業設定策略目標，透過支援性和功能性作業促進員工和工作的最佳搭配，以提高員工績效和滿足，進而達成企業的策略目標。

第二節　人力資源策略管理的模式

一個企業的人力資源管理策略及作業並不完全與前節所敍述的一模一樣。企業的人力資源管理作業當視其所在的環境和需要而有所增減，爲進一步了解人力資源管理的作業，特提出人力資源策略管理模式（**圖 1-2**）作爲本書的組織架構。

圖 1-2　人力資源策略管理模式

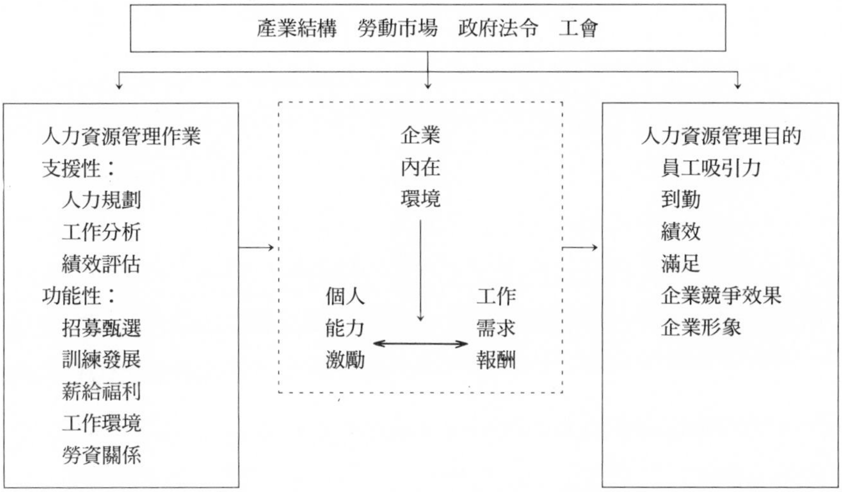

首先我們從系統的觀念著手，有四個外在環境因素影響一個企業的人力資源管理作業。第一個是產業結構(Industry Structure)，企業在不同的產業結構和競爭狀態，會制訂出不同的競爭策略，因著競爭策略的不同，人力資源管理的策略及作業也應不同。

第二個外在環境因素是企業的外在勞動市場(External Labor Market)。這是企業人力的主要來源，尤其企業在擴張營運或企業本身無法訓練培養足夠人才的情況下，企業必須從外在勞動市場，招募可用之才。不但企業必須仰賴外在勞動市場，企業本身也無法控制外在勞動市場的變化，而只有詳加規劃自己的人力資源需要以配合外在勞動市場的供給。

第三個外在環境因素是政府的法律和行政命令。不少人力資源作業都是法律或政府規章的產物，這些法律和命令的目的大都在給予企業員工最基本的保障，如最低工資、工作時間、勞工保險等。

第四個因素是工會(Labor Union)的興起。許多人力資源管理作業也因工會的要求而產生。在民主先進國家，工會代表員工與資方進行集體談判，共同決定員工的工作環境和條件，人力資源管理的作業內涵也就愈為複雜。

人力資源管理模式圖的左邊列舉了人力資源管理的作業，這些活動作業一方面反映出上述外在環境因素的影響，一方面也可看出人力資源管理的一般作業程序。這些作業可分兩大類：支援性(Supporting)和功能性(Functional)作業。支援性作業並不求直接促使員工、工作、企業環境相互的搭配，其目的只在使功能性的作業得以順利進行，所以企業的人力規劃、工作分析，和訊息式的績效評估均屬支援性作業。功能性的作業則講求企業環境、員工及工作的最佳搭配，進而達成人力資源的策略，增加企業競爭能力。所以招募甄選、訓練發展、員工流動及永業管理、工作設計及安全、薪給及福利、勞資關係均屬功能性作業。

支援性和功能性作業均有其不同內涵，然而各項作業間卻高度相關，一項作業的成效，往往影響其他作業的進行。例如企業爲控制勞動成本，給予新進員工的待遇偏低，如此一來企業便可能招募不到所需要的人才，招募的工作就可能需要加強，或者企業招進的員工水準較差，企業便需加強訓練。日後這些員工晉升機會也可能因此而相對減少，企業又必須對升遷的政策和作法加以調整。

在模式圖中間是指人力資源管理作業的對象，那就是員工和工作。員工有不同的能力，也有不同的激勵水準，更有不同的需要，而不同的工作也有不同的要求和報酬。企業員工工作績效的產生，一方面需要員工的能力和工作的要求得以配合，另一方面又需要員工有適當的激勵。這個激勵的適當與否，又在於員工的個人需要是否與企業所提供的報酬相對應。這一切員工和工作之間的互動和組合，都與整個企業特定的內在環境息息相關。在企業內在環境中，經營策略、財務能力、生產技術、和企業文化最爲重要。這些因素提供企業人力資源作業一個運作的指標、規則和限制。也只有在這個現實的環境下，工作和員工的配合才會實現，眞正的工作績效才會產生。尤其是企業文化，它代表企業上下共同的價值觀念和理念，這些信念隨著時間發展出一套處理事物的方法和習慣。唯有員工和工作的互動與這套理念趨於一致，整體企業運作才會產生效果。

當員工、工作與企業內在環境配合，我們看到一些結果產生。首先一個員工會按時上工，不遲到不早退，在其分內工作上有良好的表現。由於員工與企業在這項互動過程中，都得到滿意的結果，對員工而言是工作滿足，對企業而言是工作滿意(Job Satisfactory)或工作績效。有了這種雙方滿意的關係，一個企業便有良好的組織氣候和環境，進而產生良性循環。員工以服務企業爲榮，企業也具良好形象，在產品銷售、員工招募上有更大吸引力。這些結果都是人力資源管理作業成效的指標。

第三節 人力資源管理的原則

每個企業在人力資源管理作業的範疇不盡相同，在作業的方向及政策也有差異，其如此乃是考慮到自身的需要，除了前節敍述的環境因素外，下面幾項因素也值得人力資源管理專業人員注意，免得落入傳統式、封閉式的人事政策及活動。

1.高階管理人員的理念

尤其是其等對人性的看法。高階人員的理念和看法，不見得會見諸文字，但可從其等處理事務的態度和行為略可得知一二。例如，高階人員認為員工需要監督，工作上內在的滿足不如外在有形的激勵，如X理論(Theory X)，其等對工作的要求可能比較嚴厲，人事管理的體制上也會反映出這樣的看法。反過來說，如果高階人員認為員工都會努力自己份內的工作，工作上的滿足相當重要，那麼企業的人事制度也可能比較有彈性，對員工的個人發展可能比較願意投入贊助。

2.企業的目標和策略

為求達成企業目標，推動企業策略，人事管理也像其他企業機能一樣，要與這些既定目標和策略配合。例如一家企業決定自行銷售產品，一旦這個策略決定後，人事管理策略當考慮是否挑選現有員工加以銷售訓練，或招考已有推銷類似產品的業務人員。不僅如此，人事專業人員又必須對這些銷售業務人員的升遷、獎勵等做一安排，進而達到自我銷售的目標，因此人力資源管理的策略必須與企業整體策略配合。有效的人力資源制度是從上而下有層次地相互配合，而不是因循不變地推行人力資源作業。

3.人事單位和直線部門的關係

人力資源管理在對直線部門提供支援。有些支援是服務性的，如人

力資源資料的維護、訓練的提供。有些支援是諮議性的，這種諮議性的作業多半基於人事管理的專業知識，對於直線部門在人力資源作業的決定上提供參考意見，例如提供晉升候選人名單。當然也有支援作業是控制性的，這對直線部門有直接的影響。這種控制性作業的發生，通常是在追求人事管理政策或作業的一致性和公平性。在這個公平的大前提下，人力資源管理部門通常會要求實作單位在做某些人力資源的決定前，照會人事部門，當實作單位決定錄用某甲，其決定須經過人事部門同意之後才定案。這並不意味人事部門有用人權，其實人力資源管理的最終責任仍應落實在直線單位。人力資源作業是每個管理者或主管工作的一部分，不管是工頭、組長、廠長或總經理。而人事部門的權限和責任大小，完全來自其上級直屬實作單位的主管。但不同組織的安排，也就反映企業對人力資源管理功能做何種看法。今比較**圖 1-3** 和**圖 1-4**。**圖 1-3** 中，人事管理部門明顯地安排成一個幕僚單位，在每個層級中都有人事單位，但均由各級直線主管統一指揮監督，這種安排，在強調人事管理的服務性和諮議性功能。而**圖 1-4** 的安排是將每個層級的人事單位直接隸屬於上層人事單位，其僅受某種程度的直線部門指揮監督，具有半獨立性的地位，圖中虛線即表示不完全的指揮監督權，這種安排在強調人力資源管理的控制功能，講求人力資源作業的公平性和一致性。

圖 1-3　服務性功能的人事部門　　　　圖 1-4　控制性功能的人事部門

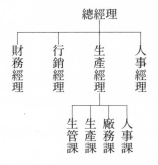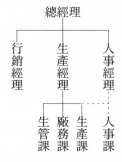

　　基於人力資源管理的諮議性、服務性和控制性功能，人力資源管理必須體會到人力資源的重要性，視本身爲直線部門管理者的重要商務伙伴(Strategic Business Partner)，直接影響企業的表現和成果，而不是一個次要的傳統性部門，只負責文件處理或其他事務性工作而已。隨著日本式管理的興起，美國企業開始體會到人力資源管理的重要性，因爲人力資源管理也屬於企業最終競爭實力來源(Ultimate Source of Competition)。**圖 1-5** 即在表示人力資源管理的策略意義。

圖 1-5　策略性的人力資源管理部門

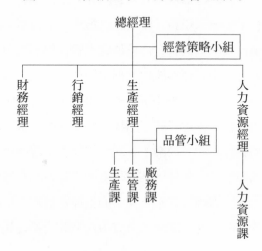

4.人力資源管理作業的推廣

　　人力資源管理人員不但需要向其直屬主管提供各項專業知識的建議，說明各項人力資源政策或作業的效果，爭取主管的支持，以便推動人力資源政策和措施。同樣重要的是人力資源管理人員要向員工提供有關人力資源資訊，在相互需要和協助的前提下，建立良好的溝通管道。人力資源管理人員絕不能因爲一般員工不了解人力資源政策的本意和做法而保密。因爲只有員工了解人力資源作業對其等的影響，人力資源管

理才會落實。人力資源管理的積極意義也就在這種溝通協助過程表現出來。人力資源管理的政策和作業才會受到重視而加以推廣。

第四節　人力資源管理的專業系統

人力資源管理的範疇，往往因企業的大小、分工專業的深淺、高階主管的認識和企業經營的策略而有所差異。一般來說，人事管理的基本專業工作可分為四個層級，這四個層級，也就代表人事管理人員的永業階梯。

1.人事文書工作

這種工作主要是支援性的，其工作性質就在搜集、整理、保存人事資料，以供上級人事主管或直線主管決策的參考。

2.人力資源專業工作

在人力資源管理各項作業中，以專業知識來解決特定問題的工作，如薪給分析師、訓練專員。這類工作往往有等級之分，即按工作範疇、服務對象的職位高低、專業程度而加以分等。如薪給調查員乃在分析勞動力價格及趨勢，而薪給管理師便負責整體薪給政策的擬定。

3.人力資源經理

這是人力資源管理的通才，負責所有人力資源管理業務的執行和協調，解決員工個別問題，擬定企業整體人力資源政策。當然人力資源經理也負責監督人力資源部門所屬的人員。

4.人力資源副總經理

這是人力資源管理人員在其專業中所能晉升的最高職位。這種職位也只有在較大的企業中才設立。其主要職責是協調幕僚和直線的關係，參與企業策略的決定，也透過人力資源策略的擬定搭配整體企業的策略，以達成人力資源的充分運用。

　　人力資源管理既然具有這些層級，它自然也形成一個永業晉升通路。進入人力資源管理工作的通常有兩種方式，一是以人力資源專才的身分，擔任人事文書或專員的工作，日後按著經驗表現逐次晉升；另一種方式是間接的，通常這些人是在其他幕僚或直線單位擔任第一線主管如組長、領班等，由於個人興趣或管理員工的經驗，而轉至人力資源部門。這些具有直線工作經驗的人員比較容易與直線人員相處，在推動人力資源作業也有其特殊之處。有些企業刻意安排人力資源管理人員在從事其份內工作前，先從事一些直線生產的工作，以增加其日後處理人力資源工作的能力。

第二章
企業外在環境

　　企業運作在特定的環境下，這些外在環境因素不但對整個企業的運作有直接影響，對企業人力資源管理的過程及作業也有不同層次的影響。由於這些外在因素不受企業個體行為的影響或控制，企業勢必要在人力資源管理上做一有效安排，以適應當前的環境要求，也正因為外在環境因素的變動性和自主性，企業人力資源管理也就有策略規劃的必要。

　　產業結構及企業所在產業的競爭狀態，提供了企業整體經營競爭策略的主要方向，這項競爭策略也同時反映了企業自身的條件和能力。透過競爭因素的分析，企業可以認清自己所處的環境，了解企業應採取的策略和措施。這套競爭策略不只限於生產、行銷，它也包括了人力資源的運用。這套人力資源策略提供企業要有什麼樣的管理文化、何種人力資源作業、以及適合的員工態度和行為。

　　外在勞動市場對人力供給和勞工價格水準有直接決定力，不但對企業的人力招募活動和報酬制度有直接的影響，對企業在員工甄選策略和整體人力資源規劃上都扮演重要影響的角色。

　　政府法令規章主要是建立在公平的基礎上，它不僅僅要求企業與員工關係的發展合於公平的原則，也同時規範企業和員工在交換關係的過程上，遵守一定的遊戲規則。這些法令規章都是和企業及員工的基本權利和義務有密切關係。有時政府也會站在消費者的立場，要求企業履行某些社會道德的義務和責任。當然政府法令也規範了企業與企業之間的

競爭行為。所以政府法令規章一方面提示企業在經營競爭上的規範及範疇，一方面也要求企業在許多特定人力資源管理作業上履行一定義務或行為，如工作時間的要求、工作安全的保障、最低工資等。

工會是近代的產物，其對企業的影響可以說是全面性的。雖然早期工會發展是基於企業在人力資源管理作業的不當，而工會努力的重點和方向也在經濟報酬方面。隨著時代演進，工會一方面給人力資源管理一項挑戰，提出諸多員工的心願和要求，一方面也將其重點涵蓋到整個企業人力資源管理的層面。在許多企業人力資源管理運作中，工會不再是旁觀的第三者，而是利害與共休戚相關的當事人。

第一節　產業結構

企業經營策略是企業在其外在環境交互影響下所形成的，其主要目的在增進企業的競爭能力，達到企業經營的目標。產業結構即在了解這些環境因素及其對企業競爭能力的影響，使企業自己得以發展一套合於自身的經營策略及方針。波特(Porter)所提的產業結構分析如**圖 2-1** 可供我們參考，有五項因素決定一個產業的競爭狀態。

圖 2-1　產業競爭因素結構

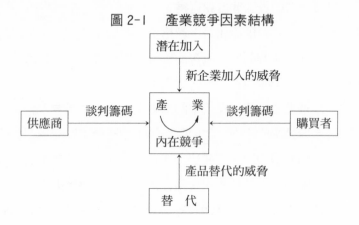

1.進入這項行業的威脅

　　一個產業是否容易加入，就看該項產業是否有加入的攔阻，像經濟規模的大小、投資的額度、銷售的網路、產品的專利、生產的區域、政府的輔導貼補、政府的政策、現有企業的報復等，如果這些攔阻或報復強烈，別的企業加入這項產業的威脅就低，自然競爭就比較小。

2.產業內部的競爭

　　一個產業內在企業之間競爭之大小，受許多因素的影響。如果競爭者愈多，每個競爭者的規模實力相當，則競爭就愈激烈；整個產業成長緩慢也使競爭趨於激烈；產品的相似性也會提高企業彼此之間的競爭；同樣的，高固定成本的產業的競爭程度也比較高。當然競爭者的競爭方向和重點的分散，會造成競爭規則的混淆，引起一些不同的競爭。要退出一個產業的難易也會影響競爭程度，當退出產業的代價太高，企業被迫留在一個產業中，該產業就會有比較高的競爭狀態。

3.產品替代性的有無

　　產業的競爭會因其主要產品有被替代的可能，或在其他產業有相類似功能的產品時，產業的競爭狀況便提升到另一層次。這兩個不同產業，就該項產品而言，有相互競爭的效果，增加了這個產業的競爭狀態。產品的替代效果，在高利潤的產業中和在價格功能對比變化大的產業中，最容易發生。

4.購買者的談判條件

　　購買者也可有其談判籌碼，要求產品品質的提高或價格的下跌。當購買者具有下列條件時，其對產品的要求便可有相當影響力：

　　⑴購買者所買的數量在銷售者銷售總數中佔有高的比例。

　　⑵購買者所買的產品，其成本佔其自身總成本的比例偏高。換句話說，購買者對價格比較敏感，為求增加其競爭力，自求取得較低廉的原料和零件。

(3)產品一致標準化，到任何一家廠商購買都一樣。

(4)轉換供應產品廠家的成本低。

(5)買者本身利潤偏低，迫使供應商也降低其產品價格。

(6)產品的品質不影響購買者自身最終產品的品質。

(7)購買者有上游整合的威脅。

5.供應商的談判條件

　　同樣一個產業的供應商也會對該產業有相當的影響力。當供應商具有下列條件時，其便有影響力：

　　(1)供應商的數目很少，供應商所在的產業遠比其銷售的產業來得集中。

　　(2)供應商的產品沒有可替代的。

　　(3)對供應商而言，其所供應的產業不是其主要顧客。

　　(4)供應商的產品差異大，而且有不同的價格水準。

　　(5)供應商有下游整合的威脅。

　　企業一旦整理分析所有影響競爭因素後，便可確定自身的競爭優勢和弱點，進一步發展一套競爭策略，有效地利用或防衛前述五項重要因素的正面或負面影響。

　　企業競爭策略一方面包括有系統長期性決定，指出企業整體努力的目標和方向，一方面也提供了一些行動具體方案的指標。這些行動方案都由員工個別或集體予以完成，毫無疑問，要完成策略方案，員工勢必有一定的行為和信念，要員工表現一定行為和信念，企業文化、人力資源策略、和人力資源作業就在這一連串的因素關係中，具有決定性的作用。

　　圖 2-2 代表本書的基本理論架構和重點的另一面，我們會在不同地方，從不同角度多次分析介紹。這個模式與第一章人力資源管理模式（圖 1-2）的基本理念完全一致。人力資源管理模式是一個靜態的描述，介紹人力資源管理的因素及其間靜態關係。而人力資源策略模式，是一個動

態的發展，說明人力資源整體因素在方案和措施上扮演的角色及其制定
程序。

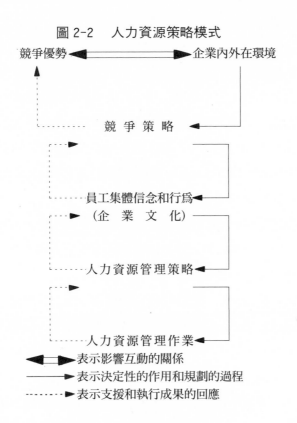

圖 2-2 人力資源策略模式

企業經營在追求競爭優勢，企業外在環境的分析，即在了解這些因
素對企業競爭能力的影響，這兩者的關係是影響互動的，具有關鍵性。
唯有了解企業所處的競爭狀態，企業才能真正掌握競爭優勢的機會。當
企業分析考慮企業內外在環境的因素，決定了企業的競爭策略，而這個
競爭策略目的即在取得企業競爭優勢。但是競爭策略的達成有賴於集體
的信念和行為。企業文化就代表這個集體的價值觀念和行為，它反映整

體行爲傾向和喜好。企業文化是塑造出來的，對企業而言是可以加以改變的。而企業文化的改變方向勢必與企業競爭策略相一致。換言之，企業競爭策略提供整體努力的目標，企業文化就表現出這些目標的內化，影響員工集體行爲。

企業目標的內化是員工行爲的先決條件，但是這些內化的目標和理念，必須有具體的誘因和指引才會產生。人力資源管理策略就是這個員工整體的行動指南。它提供員工行爲的方向和準則，說明何種行爲和態度是受鼓勵的。同樣重要的是，人力資源策略是根據企業整體競爭策略和企業文化的方向擬定的，企業既然有不同的競爭策略，也有不同的企業文化，自然就有不同的人力資源管理策略。這些重要因素的環節相扣，是企業發展屬於自己的人力資源管理的必然結果。

人力資源策略模式的落實就在人力資源管理作業，人力資源策略既有不同，就有不同的人力資源管理作業。如此，新的人力資源管理作業可以因策略、文化的需要而產生，不一定要墨守成規。同樣的，一項人力資源作業不能因爲作業的存在而自然繼續列入人力資源管理作業的範疇。人力資源管理作業若是根據人力資源策略而定，作業之間不但有連續性和一致性，也能產生每項作業的預期效果。這些效果必能逐次支援上一層次的目標和效果，最終達成企業競爭的優勢。

在人力資源策略模式中，策略和觀念行爲的關連是本書的特點，需加解釋和強調。當企業決定某項競爭策略，同時它也決定了類似的人力資源管理策略。因爲人力資源策略本是整體企業競爭的一環。**表 2-1** 顯示，當企業採取創新競爭策略，不但要投資新產品的開發，更要投資於設計開發新產品的員工，這就是人力資源管理的投資策略(Investment)。同樣地，當企業決定提高品質的競爭策略，企業通常要求員工參與企業決策，改善產品品質，所以對應的企業人力資源管理策略就是參與決策(Involvement)。若企業決定追求降低成本，以低廉價格做爲主要

競爭策略，在人力資源策略上就要求吸引員工留任、減少離職、並簡化工作程序，以降低產品成本。所以對應的人力資源策略就是吸引員工。

表 2-1　策略和思想行爲之關連

信念和行爲	策略層次 人力資源 競爭策略	策略類別		
	投資創新	參與決策 提高品質	吸引員工 降低成本
重複性	創造	重複	高度重複
時間性	長期	中程	短期
國際性	高	中	低
品質敏感度	中	高	中
數量敏感度	中	中	高
風險態度	高	低	低
責任要求	高	高	低
彈性要求	高	中	低
技術應用	廣泛	廣泛	狹窄
員工參與	高	高	低
過程/結果導向	雙重導向	過程導向	結果導向

不論企業採取何種策略，不同的策略，其所需要的人才及行爲層面就不相同，唯有行爲和策略搭配一致時，策略才會執行成功。**表 2-1** 顯示策略和企業文化各個構面的關係。這種關係說明了在不同策略的運作下，在每個信念和行爲構面上所應追求的方向和準則。集體行爲和信念包括員工工作的創造性、工作時段的長短、團隊合作的程度、工作質量的導向、風險的態度、過程或結果的重視、彈性的許可程度、技術應用面的廣窄、員工參與的深淺等。有了這些具體追求的方向和準則，人力資源管理就應朝這個方向努力，企業最終策略和目標也就可以達成了。

例如企業在追求創新策略，其人力資源策略也應注重人力資源的投資，所以在員工工作信念上應偏於創造性，減少重複性，講求團隊合作，提供長時間思考實驗的機會，勇於承擔風險和責任，對技術的應用趨於廣泛，給予員工普遍參與決策機會，注重工作過程及結果。同樣的，工作的設計安排也應如此，不但使得工作與個人相互搭配得宜，其互動的結果又與整體的策略相一致，這樣的搭配才能產生真正的效果。

假若企業決定採取低廉策略，其對應的人力資源管理策略是吸收員工、保留員工。那麼理想的員工信念和行為應是強調工作的簡單重複性、工作單元的立即效果、個人工作的獨立性、數量重要性的要求、減少不必要的工作風險、降低每項工作責任要求、局部性的技術應用和工作結果的加強等。當然在工作設計安排也就與上述配合，以求個人與工作的理想配合，進而達成企業追求價廉的策略目標。

第二節　勞動市場

勞動市場包括了勞動的供給和需求，透過供給和需求的交互作用，勞動量和勞動價格得以決定。從一個企業的角度看，在一定期間，所需要的員工數量和種類，反映出該企業的勞動需求。基於企業所在地和所需勞動力的類別，勞動的供給就比較複雜而多變化。若就員工個人而言，不管是長期雇用或臨時性的工作，都算是勞動供給。本節分段討論企業勞動市場的模式和運用。

一、勞動供給和需求的趨勢

勞動力供給的變化，不但受勞動總人數(Labor Force)變動的影響，也因勞動參與率(Labor Force Participation Rate)的升降、勞動素質

的提高而增減，影響這兩項主要變項又包括人口結構、經濟和社會的變遷。

(1)在勞動參與率上，女性已大量投入勞動市場，由於教育的普及和生活水準的提高。女性工作，尤其是已婚婦女加入勞動市場已是必要的，許多婦女在生產後，又再投入勞動市場。雖然勞動參與率因退休年齡的降低而減小，但從整個勞動供給面看，勞動參與率正逐年提高。

(2)隨著醫學發達，衛生環境良好，國民平均壽命正逐年增加，雖然許多人提早退休，但也有多數人退而不休，仍然從事其他工作。加上我國向來注重長者的經驗，隨著壽命的延長，大多數人的工作年限將會隨之略增，這和西方國家鼓勵人民提早退休，稍有不同。

(3)工作時數將會逐漸減少。在已開發國家，國民所得提高，所得效果與替代效果的比重也略有改變，個人有餘力消費享受閒暇。加上福利制度的健全，員工休假日子也日益增加，進而促使每人每年實際工作時數下降。另外科技發達，工作性質和內容也發生變化，工作時間的要求也因此而趨於彈性，使得許多人得以加入勞動市場，從事合乎他們的工作。

(4)在相等的工時上，由於教育的普及，勞動力的素質大幅提高，企業內訓練的加強，鼓勵員工進修，都使得員工生產力大為提高。不僅如此，經濟發展投資相對大幅增加，機器和人力的有效配合，也使得員工生產力得以增加。

(5)勞動量和類別的需求與國家經濟發展階段有密切關係。已開發國家的經驗是很好的證明。當生產業穩定發展後，服務事業的擴充也就自然應運而生。文書性的、人際服務性的工作將增加，而勞動性的工作，也因自動化、機械化而逐漸減少。

二、個別企業的勞動市場運作

企業個別的勞動供給和需求，原則上按照經濟學的供需原理運作。在雇主與員工的交換過程中，不但包括工作待遇和工作時間，其他非金錢的安排，如工作保障、工作環境、福利保險等，使得個別企業的勞動供給和需求的運作，需要特別的考慮和管理。

但是基於實際運作的考慮，企業往往並不處在完全競爭的勞動市場。勞動力的流動往往不高。一方面許多員工不願意冒著失業的風險，一方面員工也無就業的充分資訊。在勞動供給欠缺彈性的狀況下，企業比較容易設定自己的勞動價格，而不一定要按照一般標準的工資水準。

雖然企業面臨低彈性的勞動供給，在勞動力交換上具有某種獨佔性，其也無法量化所有獨佔的利益。企業在經營上往往追求綜合性的效益如投資報酬率、負債比率等，而不計較或無法計算一個因素的最佳利益。但因勞動交易具有獨佔性，企業往往採用規則或例行辦法處理勞動供需問題。這些規則或例行法則或適用一個企業、或一個行業。它都是經過一段時間的嘗試而有滿意的結果才被大家採用的，採用這些規則可以減少勞動供需交換雙方的風險和不確定性。

尤有進者，不管在任何行業，都存在個人的差異，企業對每個求職者也有不同的偏好，企業既不願也無法以勞動市場的平衡工資水準錄用所有合於資格條件的應徵者。企業必須自己設定一套政策，進行勞動市場的交易行為。許多企業以較一般流行工資為高的薪資起點用人，一方面也許可以在較多的應徵者中遴選中意的，另一方面在勞動市場迫使工資上升時，自身也不必調整原先設定的薪資水準，而有緩衝的作用。這種安排和做法與一般產品市場的運作有相似之處。即在市場發生變動時，往往先以產品品質的改變來應對，而不會立刻以價格的變動來調適

市場的變化。

　　在實際人事管理作業上，內部晉升是常態，而從外在勞動市場 (External Labor Market)招募的大都局限於每項行業或職類較低階層的職位。其結果，許多職位的招募都採內部甄選，企業所面臨的是內在勞動市場(Internal Labor Market)，由於工作職位內容的安排，每項工作類別層次的設定和企業個別的需求不同。加上每個員工的工作技術和經驗皆不同，企業是無法取得相類似的薪資水準，而必須自行設定內部薪資水準進行勞動交易的行為。這種內在薪資水準往往考慮個人的工作績效，也考慮其可能一生的工作貢獻和平均收入。

　　有了整體勞動市場運作的概念和個別企業勞動市場的了解，讓我們進一步分析企業個別勞動市場的運作以及企業與個人的雇用行為。

一、企業勞動市場的特性

　　⑴企業的經營常有好壞波動，對其產品的需求也有升降，進而對勞動力的需求也會變化，這表示企業與勞動市場的互動也不斷，但如何處理產品市場變化所帶來之勞動需求的變動，每個企業的運作也不一致。

　　⑵勞動供給不但是量的問題也有質的差異，求職者有體力、智力、教育、工作經驗的差異。

　　⑶勞動市場的資訊是有限的，也是需要付代價的。企業只能在有限的應徵者中甄選所需的勞動力，而一般勞動供給者對於工作機會也只有片面的接觸。供給與需要雙方都在市場中尋找，以增加其互選的機會，但是這種尋找的努力不但費時，也是帶有成本的。

　　⑷失業是一種常態，由於勞動供需之間不能充分配合，加以尋找勞力是要花代價的。失業，尤其是短期的，是非常可能的。

　　⑸勞動力的流動率是有限的，勞動力的流動有限不只因為資訊的不

足，而是在每次勞動交易後，會有繼續性的內在交易行為。員工從事某項工作並不單單為了待遇，員工不會因為極小的差別待遇而跳槽。雇主也不會因為可以找到更好的員工或更廉價的勞工而辭退目前的員工。其如此乃在雙方初步交易時，均付出了成本和代價。員工的尋找工作機會、雇主的招募、甄選等都是初步的成本。一旦員工開始工作，所為這分工作投入的學習，如工作技術、企業業務程序、人際關係等；而雇主也投入訓練等成本費用，雙方都在這種繼續互賴的關係上，投入更大的成本，也願意在這方面有所收穫，如員工可以得到工作保障或較高待遇，而雇主可以得到穩定的勞動供給或更高的生產力。勞動互換的雙方都在這種長期的雇用關係上互有所獲，這種關係的維持，就自然降低了勞動力的流動率。

二、勞動市場的通路

勞動市場的流通可以**圖 2-3** 表示。在圖下方，產品的需求決定了生產量，進而決定了所需的勞動力。一旦勞動力的需求超過目前所有的數量，新的工作機會必然產生，當然工作機會也因有人離職或退休而產生。在供給方面，有些員工離職而高就當不致失業，但卻有些人離職或被資遣，重新投入勞動市場，皆屬失業的一群；更有大部分年輕人從學校出來踏入社會，若不能找到工作，就算失業了。即使在他們生命中，還沒有工作的紀錄和經驗。

在圖中，有兩點需要加以說明。第一，失業和工作機會是同時存在的。有些工作機會因有適當人選而消失，同時新的工作機會又產生。有時企業一直無法找到適當人選，工作機會仍然存在。工作機會和失業的數量互為消長，這與整體經濟狀況大有關連。當經濟景氣，工作機會多，反之亦然。第二，流程的每個階段不是獨立的，而是高度相關的。當勞

動力的需求增加，就會導致工作機會的增加，進而減少失業人口，同時
工作機會的增加也會增加自動離職的活動，或者增加退休人員重新加入
勞動力市場，使得市場的供給增加。同樣地，不景氣的資遣增加了失業
人口，但是離職率的降低和挫折工人(Discouraged Worker)退出勞動
市場，使得失業人口的人數增加速度減緩。

圖 2-3 勞動力和工作流程

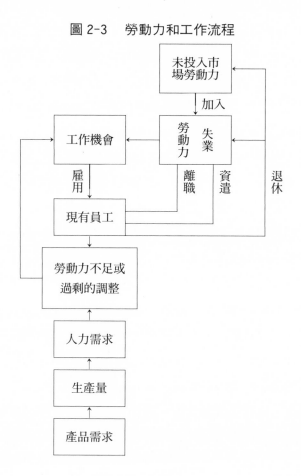

三、求職行為

當一個人有了工作，在其工作上投入一定的時間和心血，但並不保證其不再投入勞動市場。一個員工或許在所屬的企業也晉升，或許停留在原來的職位上，當然也可能到其他企業找到一分更好的工作。如果個人有機會轉換到較好的工作，通常他是會自動離職轉換工作的。每年都有這樣的人，從一個工作換到另一個工作。這種流動現象在專門技術行業中最為明顯。但對較低階層的員工來說，這種機會比較少。一方面這些員工每日已經工作8個小時，致使其沒有多餘時間尋找另一個工作。更何況自己的工作時間也正是別家企業徵求員工的時段。另一方面，低階員工的工資水準，在不同行業中卻都相近，雇主之間通常不會以提高工資來吸引新進人員。如此一來，在低階的員工，其流動率就比前述專業人員要低得多。當然員工到了一定年齡，或許其職位已高，或許其他企業不願雇用高齡的員工，或許自身已無再創天下的雄心，其等的流動率也大打折扣。

求職是一件理性的行為，在決定辭去目前工作以前，必須估算一下要多久才能找到另一個工作。斟酌比較一下未來可能獲得工作的好處、以及在找工作這段時間的損失，還有萬一找不到工作的風險成本。只有在效益大於成本的狀況下，才會辭職另謀出路。而風險的估計和整體的經濟活動、勞動市場的價格有關。風險也和自己過去找工作的經驗和所在的行業有關。只有在經濟景氣、過去找工作順利、和從事熱門行業的狀況下，風險才會偏低。當然為了降低風險，就是一面工作，一面找事。但是找事本身幾乎就是一項全時間的工作。所以求得理想的工作機會也就相對降低。

對一個失業或剛踏入社會的人來說，尋找工作機會是一項帶有成本

的生產活動。直接發生的成本就是失業所造成的收入損失和找工作的一
些費用。而效益乃在找尋的過程中所帶來新的工作機會，或比上次失去
的工作還要好的工作機會。但是求職者往往只有一個模糊的概念，只知
道何種職位和何種待遇，但對其他升遷機會、福利保險、工作環境往往
不了解。當然他更不可能知道以後會不會找到更好的工作機會。一旦企
業願意雇用，求職者往往只有接受或婉拒，而沒有折衷的選擇。所以求
職者自身必須有一定決定標準，以便工作機會來臨時做一決定。設定這
個標準通常會考慮兩個因素，一是繼續失業的代價，一是未來找到更好
工作的利益。對一般人而言，這個標準就是可接受的最低待遇。當然有
些求職者也會考慮到其他因素。而這個可接受的最低待遇並不是一成不
變，如果求職者逐漸了解工資水準，他便會做上下調整，如果他感受到
工作機會的轉變，這個最低待遇要求也會改變。此外，隨著失業的時間
增加或可能找到較好工作的預期下降時，也會使個人的最低待遇要求下
降。從這一點看，讓我們了解到為什麼在同一個勞動市場內，相同的工
作卻有不同的待遇水準，這種差別待遇只有在求職者繼續追求另一個更
好的工作機會時才會消失。很遺憾這種不斷的追求代價成本太高，不是
一般求職者會採取的行為，所以同工異酬依然存在。

四、雇主雇用行為

基於產品的需求而有勞動力的需求，所以在勞動市場上，總是雇主
採取主動。對企業而言，工資成本和尋人成本在某方面是可以相互替代
的。一家企業若給付其員工高於平均工資水準，便容易獲得較有水準的
員工。相反地，低工資的企業往往需要花費較多的廣告招募。其次，企
業對現有的員工有相當了解，為了增加現有員工的向心力，往往經由現
有員工介紹，引進新進員工。因為員工若繼續留在企業，大部分想必對

當前環境滿意，這些新介紹的員工有朋友在企業單位也比較容易進入狀況，繼續留在公司而成爲永久的一員。還有企業在面臨許多工作能力相近的求職者必須做一選擇，企業對應徵者未來的工作表現仍然不清楚，所以在選擇時，往往憑企業文化或雇主個人喜好，因爲只有雇主認爲那些是眞正應徵者才算是勞動供給，而不是每一個應徵者。所以失業的人或未被錄用的並不代表其個人能力不足，而是在應徵時，一時不爲雇主所偏愛而已。

五、內在勞動市場(Internal Labor Market)

在許多產業中，同一職系或類別的工作常常形成梯階，從低技術的勞力到高技術或特殊專業的工作。這種梯形的工作安排在大型企業中最爲明顯，同時員工也希望其個人的專業技術得以發揮，有機會學習更高深的技術，加上工作保障的要求，這種梯階的安排與員工意願一致，一個員工可以從最低的職位做起，隨其個人能力和技術的累積，逐步晉升。

當企業有工作出缺，往往從內部的人才庫找起，讓現有的員工爭取這項出缺的職位。只有在內部無法找到適當人選時才訴之於外在勞動市場。結果企業眞正從外招募的員工就大幅度減少，如果數量不減少，也會因爲內部晉升優先考慮下，所要招募的員工大都屬於較低階層的職位。這個外招職位(Port of Entry)就具有企業內在勞動市場和外在勞動市場的連鎖功能。這個職位一方面使內在勞動市場趨於穩定，企業可以按照自身條件和狀況自行運作管理這個職位以上的職位，一方面可以這個職位與外在勞動市場保持聯繫，使人才的來源不斷。

尤有進者，企業從事生產活動，都會應用特定的方法和技術，不同產品和生產技術的搭配，就決定每一生產階段的技術層面和比例，也決定每項工作的技術需要水準。而工作設計自然按照可得的人才和技術的

高低及種類，排出企業工作的矩陣。從縱截面看，就是工作的深淺難易程度；從橫截面看，就形成不同但相關而連鎖的技術。一旦某項職位出缺，企業會考慮以何種方式填補，通盤的作法是將外招的職位轉移到下層。換句話說，高層職位出缺由內在下階人員升任，如此轉移到外招職位爲止。這種做法有許多優點，一方面是低層次的招募成本較低，另一方面是高階層或專業的工作，往往與企業的文化和做法有關，只有原在企業的員工具有企業指定的條件，加上這種移轉做法有極大鼓勵作用。

　　基於上述，每個企業的員工都可說是一個內在勞動市場。每個內在勞動市場開放程度不一，和外在勞動市場的關連程度也不同。外招職位愈多、愈高，內升的比例就相對減少，內在晉升管理規則也愈少。如果選擇適當的內升外補比例，有效搭配內在與外在勞動市場，就是人事管理策略的一部分。

第三節　政府法令和工會

　　法令規章的制定往往是社會及經濟的變遷所引起，它通常反映時代的需要。法令規章通常要求企業行某一特定行爲或禁止企業從事某種活動。法令規章的適用是普遍性的，當然有時政府也會針對特定產業或人民團體，訂定特殊的法規。

　　法令規章的產生其目的不外：(1)促進雇用勞動人數，(2)保障勞工的基本生活，(3)提供失業、傷殘等生活的保障，(4)維持企業公平競爭的環境，(5)促進整體的經濟活動，(6)規定企業與工會間特殊關係。

　　法令規章帶有強制力，所以有政府機關負責執行這些命令條款。通常會將經濟活動部分歸屬於經濟單位，員工部分歸於勞工部門。本書現在闡釋人力資源管理，自然以後者爲討論主題。有關勞工法令大概可歸納下列幾方面：

1.勞資關係

這裡勞資關係指的是整體性的關係，也就是代表員工的工會和資方的關係。在自由經濟體制之下，勞資雙方關係本屬於一般民事部分，由當事者自行處理，但因勞資關係涉及整體經濟或大眾福祉，政府遂不得不制定法律命令保障全民的福祉，不讓第三者受到損害。

2.工作時間

工時是所有勞工法令中，最常規定的項目。隨著時代進步，工作時間逐漸減少，工作天數也因工作時間的減少而降低。與工時有關的條規也應運而生，如加班、夜班、童工工作時間、每日工作時數、每週工作時間、工作中休息時間(Break)等，這些規定都在要求員工工時的公平性。

3.工資水準

同樣工資水準也應由勞動市場來決定，政府對工資水準的規定通常限於最低工資和因特定關係雇主必須附帶提供的其他金錢給付。

4.工作保障

工作保障包括甚廣，它不但保障員工不受雇主任意的解雇，也提供員工失業或傷害無法繼續工作的救濟。

5.工作安全和保險

法令也常要求雇主提供安全的工作環境，並且對員工及其家屬提供各樣保險。在全民保險沒有成為政府政策前，勞工醫療保險是勞工法令中相當重要的課題。

6.員工福利

員工福利隨時代進步和工會爭取，其涵蓋範圍很廣，從國定假日到休假，從員工個人本身原因的請假到其親人事故的請假，從退休到撫卹，從交通補助到午餐津貼等等。這個部分是企業人力成本增漲最快的，也最不為員工所了解。因法令求公平起見，也考慮雇主負擔能力，通常只

有規定國定假日或某種退休撫卹的要求。其他項目全由勞資雙方談判協調決定。

依據上列所介紹，我們可以了解政府法令規章，只能從基本公平原則做起，要求企業提供一個最起碼的工作條件和環境，並對受到不平待遇的員工，給予行政上的補助和資助。其他勞資間的安排仍在於當事人相互之間自由意志。這也說明企業人力資源管理的需要性和挑戰性。有關工作安全保障，在另章介紹。

第四節　小結

本章按照外在環境因素的重要性，一一敍述產業結構、勞動市場、政府和工會對人力資源管理的影響。企業活動本是經濟性的，所以經濟性的因素尤其重要。產業結構的影響是全面的、整體性的，它不但影響企業競爭程度和經營策略，也影響企業文化和人力資源策略。勞動市場的影響則比較直接而具體。因為勞動市場所探討的主題就是員工所能提供的智力或體力的服務，所以在勞動市場概念中，我們特別討論個人求職行為與雇主雇用行為，藉以眞正了解外在勞動市場對企業用人的影響。政府法令本以公平性為出發點，旨在保障個人的基本權益，是民主進步的反映，另一方面也表現出這個問題的重要性。而工會對人力資源管理的影響雖然著眼於經濟性因素，但其影響的過程卻是社會性的。綜合上述因素，人力資源管理作業也應自然反映出這些因素的特性。

本章也同時介紹了全書的重點觀念，那就是策略和思想行為的關係。策略是指引企業或個人的行動和決策的方針，它包含了企業或個人所追求的目標，也涵蓋了決策的行動過程。換言之，策略是企業目標，具體化的結果。透過經營策略和人力資源策略，我們可以清楚了解企業所追求的目標，也知道員工個人在這些目標追求上所應扮演的角色。在

企業文化和人力資源作業的雙重規範下，造成個人行為和工作要求的最佳搭配，達成共同企業目標。此外，我們進一步將企業的策略加以分類，介紹在不同的策略方針下，策略和思想行為的理想搭配。

第三章
企業內在環境

在上一章，我們探討企業外在環境對人力資源管理的影響。但有效的人力資源制度，必須考慮多方面和不同層面的因素。因此，本章將集中探討企業內在環境對人力資源管理的影響。

企業內在環境與外在環境有密切關連，企業往往因外在環境的機會或壓力，制訂一套競爭策略及演變出一些企業文化，而企業競爭策略與文化，卻與人力資源管理策略和作業有直接關連。此外，企業的生產技術和財務實力，對企業人力資源策略和作業亦有莫大影響。**圖 3-1** 說明外在環境、內在環境、人力資源管理策略、以及人力資源管理作業四者間的關係。

圖 3-1　企業外在環境、內在環境與人力資源管理策略和作業關係

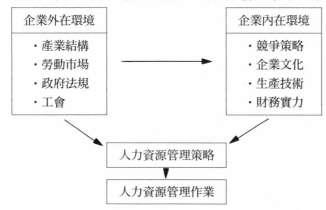

在研究內在環境、人力資源管理策略和人力資源管理作業間的關係後，本章以本田汽車(Honda of America)和聯合郵遞服務(UPS)兩企業作爲個案研究，按人力資源策略模式（圖 2-2）各項因素的運作詳加闡釋，作爲結束。

第一節　企業競爭策略

企業競爭策略（或稱經營策略）泛指企業內一連串有系統的和相連的決定或行動，務使企業與其他企業在商場上競爭時，能產生某方面的競爭優勢(Competitive Advantage)。競爭策略一般是較長期性和方向性的決定，由高層管理人員或其他員工制訂，以便指引和連結企業內其他部門的方向和措施。

在競爭策略的研究中，以哈佛大學波特(Porter)的研究最具影響力。他的研究顯示，企業若希望能在商場上生存或戰勝其他企業，其產品或服務必須具有兩個特點：(1)具獨特性(Uniqueness)，(2)爲顧客所珍冀(Valued by Customers)。若兩者任缺其一，其產品或服務與其他競爭企業相比時，便不能佔任何競爭優勢。爲了發展或加強企業的優勢，企業可使用兩大類策略：

1.價廉競爭策略(Cost Competitiveness Strategy)

此策略務求以價廉取勝，就是在生產同樣或類似物品時，藉著高科技、生產規模或財務實力等，企業在生產上、採購上、或銷售上節省開支，以致能以低價銷售產品。此策略特別適用於以爭取市場佔有率(Market Share)爲目標的企業和一些比較穩定(即科技沒有太大變化)的產業中。

2.產品獨特性策略(Product Differentiation Strategy)

此策略冀求以獨特的產品來佔領市場。獨特性的產品可以兩種形式進行：(1)創新性產品(Innovative Products)，生產和銷售競爭者所不

能生產的商品；⑵高品質產品(High Quality Products)，即銷售競爭者同時出售的商品，但以優質取勝。因此，獨特性產品並非以「價廉」取勝，而是以「物美」取勝。

由於企業資源有限，而各競爭策略所要求的重點又有不同，波特因此認為，很多成功的企業都是專注某一競爭策略，務求發展企業在某方面的競爭優勢。而最不成功的企業，就是毫無策略可言的企業，產品既不「價廉」，亦不「物美」。

在企業決定採取某競爭策略後，人力資源管理制度應如何配合便成為重要的課題。正如第二章所述，由於每項競爭策略對員工的工作信念和行為有不同要求，每個競爭策略的成功與否，完全有賴於員工的信念與行為的配合與否（請參閱圖 2-3）。例如價廉競爭策略是以大規模和穩定的生產技術製造低價產品，因此員工的行為必須穩定而可靠，必須能重複地又有效率地工作，生產裝備線員工的行為正是典型的例子。假若員工經常缺席或工作表現經常參差不一，則將對生產過程和成本都構成嚴重影響。

產品獨特性策略所要求員工的行為和信念則不同。例如創新性產品的推行，有賴員工的創造性(Creativity)，員工的獨特意見和看法都應加以培養，員工的行為經常是非重複性、非效率性、及富冒險性。員工的工作內容通常是比較含糊，沒有一定的作法，企業最重要的任務是創造一個有利的環境，鼓勵員工發揮其獨特創見。而高品質產品的生產，所要求的員工行為卻又不同，高品質產品通常是需要員工間緊密合作，互通消息，以致能及早發現問題，在現有的生產技術和基礎上，不斷改良，產品品質控制圈(Quality Control Circle)的運作便是典型的例子。

由此可見，競爭策略有賴人力資源管理策略和作業的搭配，藉著各作業間的配合，如招募、甄選、培訓、評估、獎勵等，以塑造和影響員工的思想和行為，而這方面的工作正是企業文化的範疇。

第二節　企業文化(Business Culture)

　　企業文化泛指企業內集體員工中所形成及共享的一些與企業有關的價值觀念(Values)、信念(Beliefs)、和假設(Assumptions)。企業文化通常是長期孕育而成，在員工間不知不覺演變出來。企業文化影響著並代表著企業待人處事的一些獨特的方法，對員工來說，可能習以爲常，以致不太察覺其獨特性，但對企業以外的人士來說，企業文化是很容易察覺。當我們探訪或參觀一些企業時，很容易便感覺到某企業是否溫暖還是冷淡，是否朝氣蓬勃還是暮氣沈沈，是否著重創意或是循規蹈矩等等。近年來美國特別強調企業文化的重要性，因爲很多研究顯示，企業文化與企業業績有直接關連。

　　企業文化的分類很多，這裡特別介紹密芝根大學的昆西(Quinn)分類。根據昆西的研究，企業文化可以兩軸分成四大類，兩軸分別爲：企業的內向性或外向性，和企業的靈活性或穩定性（請參閱**圖 3-2**）。四大類的文化爲發展式文化、市場式文化、家族式文化、和官僚式文化。四種文化的特徵分別簡述如下：

圖 3-2　昆西的企業文化分類

(1)發展式文化的特點為強調創新與創業，企業組織比較鬆弛與非規條化，企業強調不斷成長和創新。

(2)市場式文化的特點為強調工作導向及目標完成。企業重視準時將產品推出和完成各類生產目標。

(3)家族式文化的特點為強調人際關係，企業就像一個大家庭，員工彼此幫忙，忠心與傳統皆為重要價值觀。

(4)官僚式文化的特點為規章至上，員工凡事皆有規章可循，企業重視結構和正規化，穩定和恆久性乃重要觀念。

昆西的四類企業文化，乃從理論上把企業文化歸類，在實際例子中，企業多為不同文化的混合體，只是每一企業通常都有一文化類型為主。

由於企業文化直接影響著員工的信念和行為，企業文化必須與企業競爭策略互相呼應，彼此支持。**表 3-1** 為有效的策略與文化搭配建議。

表 3-1　企業策略與文化的搭配

競爭策略	企業文化
價廉競爭策略 創新性產品策略 高品質產品策略	官僚式文化 發展式文化 ｝和市場式文化 家族式文化

由於價廉策略需要員工的穩定性和可靠性，官僚式文化是最佳的相應文化，而創新性產品策略要求員工的創新能力，發展式文化便成為最理想的文化模式。高品質產品策略要求員工間的合作、溝通、信任，因此家族式文化最為理想，而這三種主導文化都需要輔以市場式文化，以致員工同時重視目標的完成。由幾個大規模的研究顯示，市場式文化通常是融貫於其他主導文化中，而不會有單獨存在的情形。

當企業制訂競爭策略和選擇相應的企業文化類型後，下一步是如何

培養獨特的企業文化以支持企業策略。人力資源管理策略和作業在這方面扮演極重要的角色，因爲透過人事管理的制度，企業可直接影響員工的行爲和信念。第五節將詳述人力資源制度所發揮的功能。

第三節　生產技術

除企業競爭策略和文化外，企業的生產技術亦對人力資源管理制度有重要關係。由於近年科技日新月異，電腦應用十分廣泛，生產技術亦漸趨自動化。故此，員工的技術水平和工作要求亦不斷提高和變化，這對企業的員工訓練和招聘工作都有一定的影響。

此外，企業生產技術對員工的工作內容和工作滿足程度亦有直接影響。生產技術的發展對員工工作有幾方面影響：首先，一般工作會減少體力的要求，但增加智力的運作。其次，生產技術自動化亦使操作員工越來越難以明瞭和掌握全套操作系統，以致增加對操作系統的無奈感和工作壓力。

第四節　財務實力

企業的財務實力，是構成企業人力資源制度的主要限制之一，因爲它規範了企業在人力資源管理和人力資源開發方面的能力。明顯的例子包括企業的招聘能力、薪酬政策、員工培訓、勞資關係等等，都受到企業的財務實力的影響。例如美國企業最近因競爭劇烈和經濟不景氣，不少企業財務出現困難，以致需要大幅度裁員(Layoff)，而勞資關係亦同時出現相當大的轉變，從以往的對抗性關係變成合作性的關係，以求共存。由此可見，企業財務實力變化對人力資源管理的影響。

第五節　人力資源管理策略和作業

企業基於其競爭策略、企業文化、生產技術和財務實力，必須制訂一些適合個別企業的人力資源管理作業。但人力資源管理作業必須有系統地和互相配合地實行，以發揮其最大效用。美國康乃爾大學的研究顯示，人力資源管理策略可分爲三大類：(1)吸引策略(Inducement Strategy)，(2)投資策略(Invesntment Strategy)，(3)參與策略(Involvement Strategy)。

(1)使用吸引策略的企業，其競爭策略常以價廉取勝(Cost Competitiveness)。企業組織結構多爲中央集權，而生產技術一般較爲穩定。因此，企業爲要創造和培養員工的可靠性和穩定性，工作通常是高度分工和嚴格控制。企業所要求員工的乃是在指定工作範圍內有穩定和一致的表現，而不在乎創新或謀求指定工作範圍以外的突破。

爲了培養這些工作行爲和信念，這些企業主要倚靠薪酬制度的運用，其中包括獎勵計畫、企業利潤分享、員工績效獎金及其他績效薪酬制度。由於多項薪酬政策的推行，員工薪金收入都不低。可是從企業的角度來看，人工成本是受嚴格控制的，一切與企業業務無關的成本和開支儘量減少，員工人數亦以最低數目爲目標。由於工作的高度分化，員工招募和甄選都較爲簡單，培訓費用亦很低，企業與員工的關係純粹是直接和簡單的利益交換關係。此策略的背後觀念完全建立於科學管理模式(Scientific Management)。

(2)採用投資策略的企業，其企業內在環境與吸引策略爲主的企業大不相同。第一，其競爭策略通常是以創新性產品(Innovative Product)取勝；第二，其生產技術一般較爲複雜。因此，爲了適應市場的變化和生產技術的演變，這些企業經常處於一個不斷成長和創新的環境中。

　　爲了配合及創造這個企業環境，採用投資策略的企業通常都聘用較多的員工(Overstaff)，以提高企業彈性和儲備多樣專業技能。此外員工的訓練、開發和關係(Employee Relation)尤其重要。管理人員在這些方面擔任重要角色，以確保員工得到所需的資源、訓練和支援。企業與員工通常是建立於長期工作關係，員工工作保障高，故此員工關係變爲十分重要，企業通常十分重視員工，視爲主要投資對象，工會很少在這些企業產生。美國 IBM 乃典型的投資策略企業。

　　(3)採用參與策略的企業，其特點在於將很多企業決策權力下放至最低層，使大多數員工能參與決策，及對他們所作的決策有歸屬感，從而提高員工的參與性、主動性、和創新性。這些員工行爲和信念，皆有助於企業的高品質競爭策略(Quality Enhancement)。日本的汽車公司多採用此人力資源管理策略。

　　參與策略的重點，在於工作設計，以求員工有更多參與決策的機會。例如，自管工作小組(Self Managed Work Team)的成立，使小組員工享有極大自主權，管理人員在小組中只提供資源和資訊上的援助而已。企業的訓練內容重視員工間的溝通技巧、解決問題方法、和小組的帶領等。薪酬制度多以小組爲單位，而員工的任聘，亦由工作小組成員直接選聘。除自管工作小組外，品質控制圈也是另一種常見的員工參與方法（本書於第十八章將較詳盡討論工作設計）。

　　總括來說，人力資源管理策略，旨在有效地及有系統地協調各人事管理作業，以致人力資源管理作業能一方面適應企業內在環境，另一方面協助企業競爭策略的完成。人力資源管理若是有效地設計和推行，將直接影響員工的信念和行爲，而員工的信念和行爲，又是決定競爭策略的成敗關鍵。

　　人力資源管理作業透過二個途徑影響員工的信念和行爲：(1)資訊的傳遞(Imformation Conveying)；(2)行爲的影響(Behavioral Shaping)。所有人力資源管理作業，包括甄選、培訓、內升、評估、或薪酬，其中一個重要功用，就是直接向員工顯示甚麼是企業視爲重要的信念和行爲，甚麼是不重要的。因此，藉著資訊的傳遞，人力資源管理作業會持久地、潛移默化地、及有效地影響員工的信念和認知(Cognition)。此外，所有人事管理作業亦影響員工的行爲，例如員工受訓時，便被教導如何正確地完成一件工作；在績效評估時，員工又被提醒何種工作行爲是被企業所接受和讚賞的。一旦員工循著企業要求和指示做出某些行爲時，這些行爲便會影響到員工與該行爲有關的信念（例如對顧客溫文有禮），因爲每個人都會盡量確保自己的行爲和信念的一致性。資訊的傳遞和行爲的影響對個人認知的影響，在心理學方面已有大量研究，直接有關的理論基礎包括認知差距(Cognitive　Dissonance)和行爲投入(Behavioral Commitment)。**圖 3-3** 闡明人力資源管理與企業文化和策略的關係。

圖 3-3　　人事管理與企業文化及策略

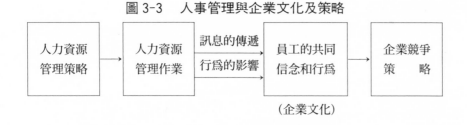

（企業文化）

　　當企業根據外在和內在環境，在相應的文化下，制訂了企業競爭策略和人力資源管理策略後，人力資源管理作業便能有系統地設計和施行（參閱**圖 3-1**）。

　　表 3-2 列舉人力資源管理作業，如何有效地配合企業人力資源策略。由於企業競爭策略和企業文化不同，人力資源管理作業亦應有所不同。

表 3-2　人力資源管理策略和作業的關係

人力資源策略	吸引策略 （Inducement）	投資策略 （Investment）	參與策略 （Involvement）
企業競爭策略 企業文化	價廉競爭 官僚式文化	創新性產品 發展式文化	高品質產品 家族式文化
人力資源管理作業 招聘：			
・員工來源	外在勞動市場	內在勞動市場	兩者兼用
・晉升梯階	狹窄、不易轉換	廣泛、靈活	狹窄、不易轉換
・工作描述	詳盡、明確	廣泛	詳盡、明確
績效評估：			
・時間性觀念	短	長	短
・行為／結果導向	結果導向	行為與結果	結果導向
・個人／小組導向	個人導向	小組導向	兩者
培訓：			
・內容	應用範圍局限的知識和技巧	應用範圍廣泛的知識和技巧	應用範圍適中的知識和技巧
薪酬：			
・公平原則	對外公平	對內公平	對內公平
・基本薪酬	低	高	中
・歸屬感	低	高	高
・雇用保障	低	高	高

　　表 3-2 顯示，企業的人力資源管理作業應隨人力資源策略不同而變化。例如，以吸收策略為主的企業，其招聘方法以外在勞動市場為主，員工晉升梯階狹窄而不能轉換（如生產部門員工很難升遷作銷售部門主管），工作描述明確嚴謹。在這些企業中，績效評估內容有以下特點：注重短線目標，以成果為評估標準，以個人為評核單位。培訓方面，訓練內容以立即應用的技巧為主。薪酬以對外公平為原則，基本薪酬低，歸

屬感低，員工雇用保障亦很低。相比之下，以投資策略或參與策略為主的企業，其人力資源管理作業則大不相同。

第六節　人力資源策略個案研究

　　為了更清楚了解外在環境、內在環境、人力資源管理策略、和人力資源管理作業四者的關係，本節特別以美國本田汽車公司和美國聯合郵遞服務公司為例，說明兩家企業如何在不同的產業結構下，制訂出不同的競爭策略。並為了塑造員工的行為和信念以配合其競爭策略，兩企業如何採用不同的人力資源管理策略和作業，以提高企業的競爭優勢。兩個案研究的理論架構，皆以**圖 2-2** 的人力資源策略模式為依歸。

一、美國本田汽車公司(Honda of America)

　　從產業結構分析來說，美國汽車業有以下特點：(1)美國汽車業雖然由本國的三大汽車公司所壟斷，但由於環球競爭的結果，日本七大汽車公司（包括本田汽車公司）及歐洲數大汽車公司均在美國佔一席地位，並設廠生產。因此，美國汽車業競爭十分劇烈，除了十五、六家主要汽車公司外，又有不少的聯合經營汽車公司出現，以致市場上競爭十分激烈；(2)汽車業由於資金成本很高，非汽車業的新公司很難進入競爭行列；(3)汽車在美國很多地方是必需品，尤其是公共交通不便利的地方，由於地域廣濶，步行和單車都不能解決問題，汽車的替代性在很多地方都很低；(4)美國汽車零件的供應商很多，對汽車公司不構成重大的顧慮。但是由於美國工會甚強，人力供應反而是一大問題；(5)顧客的要求甚高，並且由於汽車產品之間很容易替換，爭取顧客便是汽車業的最大考慮。

　　基於以上產業結構分析，我們得知汽車業的競爭者甚多，每家汽車公司都盡量滿足顧客的要求，以爭取市場佔有率。由於汽車是耐久的消費品，維修保養昂貴，因此顧客的考慮不單是購買時的價格，更是購買後維修保養的費用。加上汽車在美國很多地方是基本交通工具，若汽車經常故障，會帶來很多不便。因此，根據波特的產業結構分析，競爭劇烈和顧客要求乃最重要的競爭因素，而顧客方面，品質可靠的汽車乃主要考慮，以免帶來昂貴的維修費用和諸多的不便。

　　基於以上分析，美國本田汽車公司明顯地採用品質提高策略(Quality Enhancement Strategy)，以優質產品製造其競爭優勢。美國本田汽車公司設廠於俄亥俄州的瑪利維市，目前員工約 4,500 人，公司所出產的汽車質量媲美在日本生產的汽車。

　　本田汽車公司清楚認識高品質產品的製造，有賴於員工的穩定和可靠行為，以致產品品質穩定和劃一。因此企業以家族式文化為主，重視員工的忠心和投入。例如，在新聘用的員工中，企業便會以 3 至 4 小時的工作時間作為員工迎新活動，在會上特別強調員工工作保障。此外，員工配偶亦被鼓勵參加此項活動，以致配偶亦了解企業對員工的要求和企業本身的文化和管理哲學。此外，企業強調平等政策，以提高員工的歸屬感。例如，所有員工穿著同樣的制服，停車場車位不分管理階層或普通員工，企業只有一個員工餐廳，所有新聘員工領取統一薪金（除了因輪班，時間不同所帶來的少許分別），公司保健中心為所有員工提供服務。凡此種種措施，旨在提高員工對企業的向心力和認同感，以廠為家。特別值得注意的是，此企業除了少數高級員工，所有員工皆是美國雇員而不是日本員工。對美國員工來說，這些管理措施皆非常特殊和不普遍。

　　為增進員工的穩定和可靠行為，本田汽車公司的人力資源管理策略以參與策略為主，盡量吸收員工意見和培訓員工，以便員工意見及觀察能迅速反應到管理階層。因此，除了品質控制圈外，全公司從上至下亦

只有四個管理梯級，訊息反饋快捷而直接。此外，公司鼓勵員工眼光放遠，不要單顧目前的利益，更要注重公司及個人長遠的利益。員工亦藉著很多正式和非正式的訓練，增加其技術水平和轉換能力。由於員工工作保障乃公司政策，員工便能認同企業的利益，盡心工作。此外，績效評估以發展性（非評核性）為主，小組領班有責任幫助組員警覺並改善不良的工作表現。

美國本田汽車公司對品質的要求，甚至超越本身的人力資源管理作業領域。企業亦以內升制任用管理員工，提高員工士氣。為了加強員工行為的穩定，員工若四星期沒有缺席，便有 56 美元的獎金。員工出勤率不但影響員工的半年度獎金數量，亦影響其晉昇機會。在公司揀選供應商時，該供應商的人力資源管理作業和品質保證也是重要的考慮。

總括來說，本田汽車公司基於汽車業的競爭特點，而制訂出一套品質提高策略，以質優產品取勝，配以家族式文化，提高員工的向心力和認同感，以致員工有穩定和可靠的行為。藉著參與式策略和各方面的人力資源管理作業，塑造員工的行為和信念，提高企業產品品質和劃一性。因此，當本田汽車公司在美國設廠和雇用美國員工時，其產品品質仍能與日本產品看齊，可見其人力資源作業的效果。

二、美國聯合郵遞服務公司(United Parcel Service)

郵遞服務乃以最短時間把郵件送到目的地的服務性行業。從產業結構分析來說，郵遞服務有以下特點：(1)美國郵遞服務行業除政府郵局外，私營的主要有 4 至 5 家，競爭頗為激烈；(2)郵遞服務業資金成本比汽車業低，因此新企業加入的威脅亦較高；(3)郵遞服務的替代品頗多，如圖文傳真、電話、普通郵遞、電腦信傳等，都能提供相似的服務，但當然在特殊情況下，如文件很多，並且原件必須在短時間內送到，郵遞

服務便沒有完全相同的替代品；(4)供應商的談判籌碼不大，因為郵遞服務所需零件或原料不多，但工會卻是主要的談判對象；(5)顧客的流動性可以很高，因為郵遞服務乃一次性的服務，不像汽車壽命較長，只要企業在指定時間內把文件完整送到便可。

基於以上產業分析，聯合郵遞服務決定採取價廉競爭策略，以低價爭取較多的顧客。因為在郵遞服務行業中，「郵件就是郵件」，只要準時安全送到，價格便成為競爭的主要手段。

聯合郵遞服務現雇用 150,000 名員工，透過其精密的人體工程研究和嚴謹的人力資源管理作業，聯合郵遞在眾多的競爭者中一直保持厚利。為了達成其低價競爭策略，聯合郵遞採用科學管理方法，藉著時間動作研究，把工作簡化及標準化，以求提高生產效率。早在二〇年代，其創始人已聘用當時科學研究的學者如泰勒，分析其聘用的司機每天在不同工作上所花的時間，並改善工作程序和方法以減低工作時間和體力的需要。

故此，聯合郵遞的管理模式乃是高度控制和高度系統化的管理，每樣工作都有工作標準和工作程序，其企業文化亦是以官僚式文化為主。員工不斷從事一些短時間和重複性的動作。由於一切標準和程序已由工業工程師設計，並不需要員工參與決策，相反的，員工的激勵來自經濟因素，吸引策略便是聯合郵遞的人力資源管理策略。

由於工作簡單化和標準化，企業對員工的招聘較為簡單，只要員工能完成工作便可，員工的訓練很少，只重視一些技術上的操作，員工績效評估重視短期的表現。此外，由於工作的簡化，員工流失率並不對企業造成嚴重威脅。企業不用提供員工工作保障，內升制也並不重視，只要有能者居之，企業也不用花費大量金錢培訓。企業僱用了超過 1,000 名的工業工程師不斷改善和設計工作程序。但比起其他競爭者的員工，聯合郵遞一般員工的每小時工資要高出 1 元左右，司機每小時賺取 15 元美

金左右。由此可見，聯合郵遞是以吸引策略爲其人力資源管理策略，以經濟吸引員工，以高度科學化程序控制和提高員工工作效率，從而達到價廉的效果。

與本田汽車公司不同，聯合郵遞採取價廉競爭策略，配以官僚式文化，鼓勵員工從事一些短時間而重複的活動，但卻以高薪激勵和吸引員工。本田汽車公司和聯合郵遞雖然人力資源管理策略和作業大不相同，但兩者皆在各自行業中業績超卓，可見人力資源管理沒有絕對的作法，端視乎企業的競爭策略和文化而定，而競爭策略的釐定，又要以產業結構和其他外在環境作爲依歸。

第七節　小結

在本章裡，我們嘗試從企業的內在環境分析和了解人力資源管理應注意的地方。企業競爭策略、企業文化、生產技術、和財務實力已先後簡略討論。人力資源管理策略和作業與外在環境和內在環境的關係亦先後概述，並以本田汽車和聯合郵遞作爲個案研究，以闡明人力資源策略的模式。總結本章，最重要的一點是，人力資源管理若設計和運用恰當，乃是企業內極重要的工具，因爲它直接影響員工的工作行爲和信念。因此，企業必須小心計畫，認眞安排，務求人力資源管理作業能有策略地使用，以配合企業文化和競爭策略，而最終使企業在競爭上佔有優勢和業績進步。

第四章
人力資源管理目標

　　傳統以來，人力資源管理作業在企業扮演著一個偏重於事務性的後勤支援角色。傳統的人力資源管理目標，乃在於確保企業有足夠員工運作、員工經常到勤、員工流失不多、以及較短期的員工工作滿足等。這些目標常被視為人力資源管理的最終目標。

　　隨著人力資源管理不斷革新，人力資源管理目標亦有所不同，加上近期日本和美國的企業研究顯示，人力資源管理作業在企業內能發揮更大作用，因為它可直接影響企業的業績。換句話說，人力資源管理不單在日常事務上發揮功用，更重要的是，人力資源策略管理應與企業整體連接，亦以企業整體目標為人力資源管理目標。因此，本章將先後介紹人力資源管理作業對員工及企業所能達到的目標。

第一節　員工的羅致、到勤、與留任

　　人力資源作業最基本的目標在於確保企業擁有適當的人力資源去完成企業的工作。因此，企業能否吸引能幹的員工，增加其到勤率和留任率，便成了最基本的目標。

一、企業能否羅致合適的員工

　　最基本的指標爲企業的職位空缺是否由合適的員工塡滿。若是企業仍有很多空缺未能塡滿，企業的吸引能力明顯不足；即使企業所有職位空缺都已塡滿，我們還要細看空缺是否由合適的員工擔任。因此，在衡量這個目標時，質和量必須同時注意。影響企業吸引力的因素很多，包括企業形象、業績、給付能力、和人力資源管理作業等等。

二、員工缺席率(Absenteeism)

　　員工缺席率的計算，通常是基於員工工作喪失時間計算，包括缺席次數和缺席時間。從整個企業計算，缺席率是：

$$缺席率＝\frac{企業員工在某月因缺席所喪失的工作日數}{企業員工×某月的工作日數}$$

　　美國的統一計算方法，是把少於一天的缺席（如遲到）或多過四天的缺席（只計算頭四天）不包括在缺席率的計算內。但此計算方法的最大缺點，是沒有把自願性缺席或非自願性缺席分類。但在實際執行上，自願性或非自願性很難以辨別，因爲即使在自願性的缺席上，員工亦常以非自願性缺席的理由爲藉口。

1.缺席的成因

　　研究顯示，缺席的成因主要分爲兩大類（見**圖 4-1**）：缺席的激勵性(Motivation)和缺席的選擇性（Choice）。缺席的激勵性受到企業措施（例如缺席的懲罰與否）、企業的缺席文化（缺席是否在企業中視爲可接受行爲）、和員工的工作態度、價值觀和目標（如對企業的投入等）所影響。缺席的選擇性則受到出席的障礙（如疾病、交通意外、家庭問題）

和企業的措施所影響。

圖 4-1　員工缺席的成因

另一研究顯示，員工缺席與工作滿足有關，並且員工中女性比率越高，這種關係越強。

2.改善缺席方法

減低員工缺席的方法，主要是從員工缺席的激勵性開始，可使用的方法包括懲罰經常缺席者（最終懲罰為解雇）、醫生證明書的要求、加強傳遞有關企業對缺席的政策等等。最近，有些企業亦開始以正面獎勵方法改善員工缺席問題，例如以獎金、表揚、有薪假期等方法獎勵全勤或缺席低於某標準的員工。美國某一公司，在四個工廠中，試驗不同的改善缺席方法，最成功的工廠正是採用獎勵方法，當員工在每季中缺席不超過一天時，即受到管理人員表揚，假若員工每年缺席率不超過兩天，企業以訂製珠寶獎賞。結果，此工廠的缺席率從 7.56% 下降至 4.77%。廠房節省直接勞工費用為 58,000 元美金，但支付此計畫的費用只有 10,000 美金。

另一改善缺席方法稱為無過缺席(No-Fault Absenteeism)，企業鑑於員工某一程度的缺席是無可避免的，於是訂出每年若干的缺席次數

為企業所容許的，但超過某數目則按程度加以懲罰。此方法所期望達到的效果有三方面：(1)省卻管理人員對員工缺席原因的審查；(2)把缺席的責任完全交在員工身上；(3)改善出席率。

三、員工流失率(Turnover)

員工流失率的計算，是基於每月離職員工的百分比，計算方法如下：

$$員工流失率 = \frac{某月離職員工數目}{某月受薪員工的平均數目} \times 100$$

同樣的，這計算方法不能分別自願性流失和非自願性流失，所以，若要更精確計算，企業可能再細分兩種不同的流失率。

員工流失通常視乎為不健康的現象，因為企業需要花費金錢替換員工、訓練員工等。但其實自願性的流失不一定是壞的現象，因為從員工來說，這通常都是員工找到更佳工作的表現。從企業來說，自願離職的員工，很多時候也是工作表現較差的員工，以致企業無法滿足他們的需要。因此，假若企業保留著這些員工，對企業來說，無形中也是一個開支。所以，企業必須考慮兩種開支的平衡（即流失員工費用與保留員工費用）。

1.流失的成因

自願性流失和非自願性流失的成因完全不同。非自願性流失通常是由於企業生產能力過剩（由於需求降低）或員工對企業措施的觸犯。自願性流失則主要決定於員工轉職的優越性（是否帶來更好的工作條件）和容易性（是否容易找到新工作）（見**圖 4-2**）。轉職的優越性又受到員工對企業的滿足和員工在企業中的其他選擇（能否升職或轉換工作）影響。轉職的容易性則主要受經濟環境（如勞工需求）和個人條件（資歷）和特徵（性別、年齡等）所影響。

圖 4-2　員工自願性流失的成因

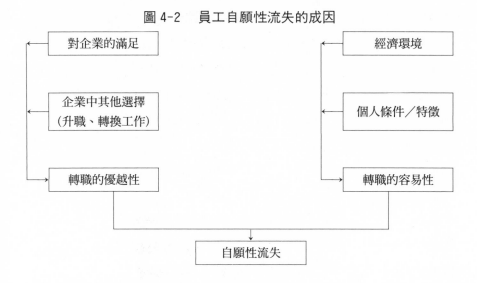

2.流失的改善方法

　　如上文所說，企業某程度的流失不一定是壞的現象，但過分的流失，則影響企業的運作和穩定性。流失的改善方法，必須根據成因而定。若企業有過多流失是因員工觸犯企業措施所致，則企業有檢討某些措施的必要或察看措施的施行方法。若流失是因生產過剩，企業則需要在市場開發和生產計畫上有更好的安排。若流失是自願性，企業則主要在員工對企業的不滿或內部流動(Mobility)著手。

第二節　員工工作滿足

　　工作滿足泛指員工從工作各方面中所產生的愉快情緒。工作滿足是由多方面組成的，包括員工對企業政策和措施的觀感，與其他員工（包括上司和同事）的交往，以及對工作本身的喜好程度。因此，當企業嘗試提高員工工作滿足時，必須考慮不同方面的因素，因為員工可能對工

作本身十分喜好，但卻對企業政策或其他員工十分不滿，因此必須預先找出員工不滿的原因而加以改善。研究顯示，員工滿足有以下三個特點：

1. 因人而異

個別的員工，即使工作類別相同，其工作滿足也可不同，如**表 4-1** 所示：

表 4-1   員工對工作的滿足

工作滿足類別	員工甲	員工乙
企業政策和措施	高	低
與其他員工交往	低	高
工作本身的喜好	低	低

因此，在分析企業員工滿足時，必須考慮員工間不同的觀感。員工對工作滿足有所差異，可能受幾個因素影響：(1)員工受到企業和其他員工不同的待遇（如某上司對不同的下屬，便可能有不同的待遇）；(2)員工因工作表現或年資不同，提升機會不同；(3)員工的工作價值和意願不同。

所以，企業在研究員工的工作滿足時，必須從不同的員工中收取數據。一個準確的研究，建基於一個有代表性的樣本調查。否則，調查結果偏差，只代表著某些員工的獨特意見。

2. 滿足程度取決於員工的理想和現實間的差距

員工對工作的滿足，直接受到其對工作的期望和在工作中的實際經驗所決定。因此在改善員工工作滿足時，企業除了改善工作設計和工作環境外，也可嘗試改變員工對工作的期望，以減低員工的不滿程度。員工對工作期望，受著多方面的影響，如家庭背景、以前工作環境、個人

性格、價值觀等等。開放的溝通，是企業改變員工工作期望的有效途徑，藉著參與和資料提供，員工便更能了解企業的限制，在那方面企業是可以改善，在那方面是無法在短期內改善等。

3. 員工滿足的影響

長久以來，員工的滿足被認爲是影響員工工作表現的一個重要因素。但近代研究顯示，員工工作滿足與員工工作績效沒有直接關連，一個快樂的員工並不等於一個生產效率高的員工。但員工的滿足，卻與員工其他行爲有較大關連，包括員工的合作性、出席率、流失率、對其他員工的協助、對企業措施的遵行等等。

因此，企業在嘗試改善員工工作滿足時，必須了解什麼是與它有關的，什麼是與它無關的，以免產生不合理的期望。

第三節　競爭優勢(Competitive Advantage)

在這個弱肉強食、競爭激烈的社會中，企業如何能生存及戰勝其他企業，乃企業的最基本目標之一。簡略地說，競爭優勢就是企業在其商品市場中，與其他企業比較時所佔有的相對優勢。假若某企業在市場中完全失去優勢，其生存與否便成了問題。

競爭優勢因企業的特點而成，有些企業是以高科技取勝，有些企業因財勢雄厚而以低價取勝，有些企業則以質優取勝或服務取勝。無論企業發展任一競爭優勢，其背後必須有連貫性的人力、物力和財力策略支援才能推行。因此，不同的競爭優勢有賴於不同的競爭策略，而不同的競爭策略，卻又需要不同的人力資源去推行。人事管理制度是影響和塑造人力資源的重要工具。透過招聘、培訓、獎勵、評估等作業，不同企業可選擇和孕育不同的員工，實踐不同的競爭策略（請參閱圖 2-2）。

因此，人力資源策略管理的目標之一，就是協助企業發展競爭優勢，

以致企業能在競爭激烈的市場中生存和不斷發展。競爭優勢的具體表現，固然是企業的產品，但競爭優勢的存在根源，在於企業內人力資源的素質、文化、價值觀等等。例如美國３Ｍ公司，以不斷創新聞名，其產品簡單而實用。德國的賓士汽車公司，其產品則以質優聞名。在這兩個企業中，其產品均在市場上佔一重要席位，但其產品的推出和製造，最基本有賴於其員工的素質和特點。而人力資源管理作業乃影響和塑造某些特點的最有效的工具。

第四節　　企業效率(Efficiency)

企業另一常用目標便是企業的效率。企業效率的計算，是比較產品的投入(Input)和產出(Output)。若企業以同樣數目的投入（包括資源、人力、財力）而生產出更多的輸出（包括產品、服務等），或是以更少的投入生產出相等數目的輸出，這企業便算是有效率的企業。有效率的企業通常是以價廉低成本取勝，其改善的焦點在於企業的生產過程。

因此，人力資源管理目標之一，乃在於協助企業更有效率地使用資源。工作設計、員工培訓、員工任聘數目等，都直接影響到企業的效率。由於人工成本乃企業最大開支之一(平均55%左右)，因此人力資源管理的妥善與否，直接影響企業的效率。

第五節　　企業形象

除了實質的經濟效率和競爭優勢，企業給予顧客、員工、未來員工及普遍大眾的形象和觀感也是非常重要。很多人認為，企業形象就是企業的一種無形資產，假如企業給人的觀感是開放、進步、質優、守法等，這對企業在商品市場和勞動市場的競爭力便會大大提高。因此企業形象

亦應是企業人力資源管理目標之一。

　　企業形象的發展乃日積月累才形成，亦是企業上下員工在待人處事的一種表現，而人力資源管理作業卻是影響及塑造員工行為和思想的最有效工具。因此，為了協助企業發展一個良好形象，企業人力資源管理作業亦應以企業形象為目標之一。

第六節　小結

　　隨著人力資源管理在企業角色的改變，其內容亦應相對改變，而最終所達致的目標亦應修改。本章除了介紹傳統的人力資源管理目標外，亦討論了人力資源作業對企業所能發揮的效果。當人力資源管理人員，在清楚了解企業的內外環境、企業競爭策略和文化、人力資源管理策略及目標後，具體的人力資源規劃和作業，便能有效地和有系統地推行了。

第五章
人力資源規劃

　　當企業分析了其所在的外在環境、其所處的內在因素、及其人力資源管理所希望達到的目標後，企業接著便需要把其人力資源策略具體化，人力資源規劃便是下一步的工作。

　　人力資源規劃以企業整體、前瞻和量化的角度分析和訂定企業人力資源管理作業一些具體指標。例如，根據企業的經營策略和目標，企業在未來五年需要雇用多少員工？在什麼時間雇用？在那個部門或管理階層有需要等等。此外，企業要雇用的是那一類的員工？擁有什麼資歷或技能？需要那類性格、傾向或喜好為佳？這個問題都是人力資源規劃的工作，也是企業把人力資源管理策略具體化的必經階段。但要注意的是，人力資源規劃是一些專業方法和技巧的運用，但規劃的本體還是以人力資源策略管理模式（圖 2-2）為綱領，以冀提高企業的經營和競爭效果。

第一節　人力資源規劃的特質

一、人力資源規劃的目的

　　人力資源規劃是將企業目標和策略轉化成人力的需求，透過人力資源管理體系和作法，有效達成量和質、長期和短期的人力供需平衡。其目的首在建立穩定有效的內在勞動市場，此舉不但要使一個企業內部人

力供給和運作維持適當穩定，也在建立內在和外在勞動市場的管道，有效調節內部勞動市場。其次，人力資源規劃在求企業內部成員個人技術面的充分發揮和其工作上的滿足，以求人盡其才的眞義。第三，人力資源規劃可以協調不同人力資源管理功能的推展，它也提供了整個人事管理發展的方向，也提供了評估整個人事管理作業的依據。

二、人力資源規劃的要件

1. 企業目標和策略的訂定

這是一個企業活動的基準，不管這個目標是由高階主管訂定，或出自董事會的決定，企業必須透過這個目標，發展出一套目標體系和經營策略，以功能和層級加以系統化。這種作法不但加強目標和手段的關連性，也反映出企業管理的理念和企業結構的配合，有了目標體系，企業自應考慮本身的條件，有形和無形的資源，擬出企業策略方針。在這個階段，客觀和實際是重要的考慮因素，有了目標和策略，人力資源規劃的需要性和可行性就大爲提高了。

2. 內外在勞動市場的了解

外在勞動市場是指整個勞動供需的情況，而內在勞動市場是指企業內部人力的搭配和結構。由於這兩個勞動市場的運作規範不盡相同，前者強調自然的平衡和勞動力的同質性，後者則著重制度、習慣及個人差異。而企業的人力需求勢必仰賴外在勞動市場，其內部作業也勢必受到外在勞動市場的影響，因此內在及外在勞動市場的了解，掌握兩者間的關係，維持一定的交流管道，才能有效地規劃人力。

3. 高階主管的參與支持

這是作業成功的重要條件，而尤以規劃作業爲然，高階主管的理念和心態以及企業的文化，直接影響下屬對業務處理的作法。隨著管理階

層的上升，一般管理功能就愈趨重要，規劃本屬管理功能中的一環，因此高階主管的支持和參與，不但重要，也是必要的。

4.人力資源管理體系的搭配

人力資源規劃是整個人力作業的第一步，其成效的印證在真正人力運用的作業上，與其他人事管理作業功能的配合。不但如此，要有良好的規劃，對內在人力狀況的資訊了解，是重要的先決條件，諸如人力資料庫、企業組織結構、工作規劃、升遷軌道、薪資水準等都有助於人力資源的規劃工作。

三、人力資源規劃的內涵

不論人力規劃的形式和時限，也不管人力規劃的範圍和重點，其過程和內涵大致相同。一般來說，人力資源規劃需經過預估、計畫和控制三個階段，本文即按此一程序逐一敘述，其內容或可以模式（**圖 5-1**）表示各規劃要素的關係。

圖 5-1　人力資源規劃的模式

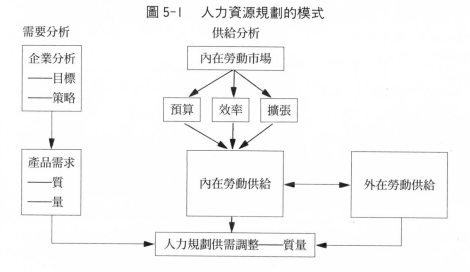

1.企業分析和產品的需求

這是需要的一面，它表示一個企業可努力追求的方向，不管這項需要是否出自服務對象的要求或是企業的目標和競爭策略的制訂。一般企業在設定這個質和量的水準，都比較具有較大的自主權。從此需求水準所引申的人力需求自然就比較容易規劃。

2.企業成員的工作效率

這屬於供給面，也屬於人力素質的一面，員工的工作效率向為人力資源規劃所追求的重要標的，自應列入考慮，工作效率素質的提高與所需工作時數的變化有互補關係。我們若將工作效率與工作需求量相比，便可預估工作時數或工作人數的需求量。當然在換算的過程，我們也要考慮個人工作效率與團體效能的關係，避免完全以個體的觀點來規劃。

3.預算的設限

預算是企業工作目標的數字說明書。它代表了企業本身資源的分配考慮，也包含了在預算期間一個企業對人力的需求，這裡所談的預算內容並不單單限於人事經費的分配，它也應包括企業工作項目增加、機器廠房擴大、業務推廣等資本性支出的項目。這樣的安排才能顯示整個人力需求和人力財力的配合。

4.內在和外在勞動市場的配合

一個企業必須從其存在之社會攝取各種資源，包括人才。這表示外在勞動市場對內在勞動市場的影響，尤其是一般外補的職位，其工作內容、資格條件、報酬待遇等均須考慮外在勞動市場的變化。一旦企業有了足夠的成員，這些成員便構成內在勞動市場，其結構形成或由於傳統習慣，或由於企業文化，或由於企業本身特性，或由於技術環境。重要的是內在勞動市場必須反映出企業的目標和工作分配，如何有效配合內在及外在勞動市場便是人力資源規劃的重要一課。而有效運用內在勞動市場便是人事管理作業的課題。

　　基於上述因素分析，我們略可看出各因素在人力資源規劃中所扮演的角色以及因素與因素的相互關係。簡單地說，業務和工作在質和量的增加、或預算的膨脹都會引起人力需求增加；相反地，工作效率的提升、內在勞動市場的穩定發展都足以造成需求的減少。而外在勞動市場的緊縮，自然造成人力供給的減少。當然內部人事管理體系的不當也會造成人力不足的現象。下面數節將從人力資源規劃中人力數量預估的角度，討論人力資源規劃的運用和控制，這並不意味質不重要，只是在整體上，先行考慮量的問題，同時，在觀念的介紹上比較方便而實際。

第二節　人力供給與需求的預估

　　依據圖 5-1 的模式，我們可以開始人力資源規劃的作業。在這裡，我們先來了解人力供給需求的預估，在運用上可從經驗推斷，一如得爾法(Delphi Method)，也可採用作業研究套以模式分析。如何運用分析，全在問題的複雜性和數量性。

一、人力資源需求的預估

　　在人力資源需求的預估中，有三個重要因素必須加以考慮，它們是企業目標和策略、生產力或效率的變化、以及工作設計或結構的改變。比較簡單的做法是先了解內在和外在勞動市場的狀況，然後找出最有關連或影響力的因素，隨即確定因素和勞力需求間的關係。在此，我們可以用某些數學或模式關係予以代表，接下來我們就預估這項因素的變化程度，根據剛剛確定的模式或關係法則，我們可以推算勞力需求的情形。

　　從上述過程看，人力需求的推算似乎是很簡單的一件事。其實不然，在實際運作中，一個企業要考慮的有關因素往往是相當龐大而複雜，加

上因素的變化往往不確定，使得分析工作不得不用代替法或者放棄部分的預估工作。此外，不同類別的工作，其受勞動市場或其他因素的影響也有不同。所以一個企業所採用的分析方法就不限於簡單的經驗推斷，也可能需求其他數量方法。在這些方法的運用上，資料的搜集和提供最爲重要，因爲資料是分析決策的依據。一般來說，人力需求的預估規劃是逐漸發展的，各級人事單位主管經過長時間的了解，何者因素可以計算，何者宜採預估，何者又必須猜測，其間關係又是如何，最後將這些資料納入一個比較成型的模式，做爲參考標準或日後評估預估結果的依據。

二、人力資源供需的預估

在人力資源供需的預估上，我們不但要考慮已有的勞力供給，也就是內在勞動市場，外在勞動市場也是重要的考慮因素。在實際作業上，這種預估程序屬於人事作業政策的範疇。人力供給預估始於內在勞動市場的調查或人力庫的分析，按照專業及職級了解人力分配的情形。當然這種專業分類需要考慮外在勞動市場的一般職業類別，而職級的劃分又必須顧及組織設計的原則如授權、控制幅度、部門化等。一旦專業分類和職級等數確定後，我們即考慮每種因素所造成的內在流動如升遷、辭職、調職、退休等，按照專業及其升遷轉移程序，劃出每個專業類別及其等級的人才增減表和人才分配矩陣表。根據這個統計結果，再比較已有的人力需求預估，我們大概可以得知人才的不足或過剩。不僅在數量上我們予以注意，在時間上也應予以配合。

與人力資源需求預估相比，人力供給的預估顯然要來得有層次，而且比較確定。不論採用何種預估方法，有一點值得我們注意的是，在分析人力供給時，如果某類別或等級人數較多，而其重要性又低，就應採

取總體分析途徑；反過來說，如一個類別人數少而重要性高，則應採個體分析。所謂總體分析即針對某個部門或類別的通性加以分析，然後決定影響的因素及程度。例如，一個企業有一般作業員 100 名，對於該類別的離職率、調職率做一整體分析，然後考慮影響這些變動或構成變動的原因及變動程度，諸如勞動市場、人員的年齡或性別分配、服務年資、工作投入等，最後確定在一定期間這項類別的流動率。一旦有了流動率，便可推算人才流動。這種推算方式需要簡單的統計方法。個體分析方式是就每個類別、每個職級的個人為分析對象，了解其個人的工作態度、能力、經驗、家庭等，進而確定何人會離開工作崗位另謀高就，何人會繼續留在企業內，何人又會在何時升遷他職。將每個人的分析結果彙總就成了人才流動統計，也就是人力供給的預估。由於個體分析需要相當的人力物力，其使用自然限於比較重要的職位和個人。採用這種方式不需要統計或作業研究的知識，但對企業管理、人事心理須有深入的了解才行。

在此值得一提的是，使用個體分析方式的同時，可以使用遞補規劃方法(Succession Planning)，其目的在對重要職位的候選人給予事先確立，一旦職位出缺時，就可以從可能的候選人中加以圈定，不必經過費時費事的先行作業，影響企業業務的推廣。

第三節　人力資源供需預估的方法

在人力資源預估上，並沒有最佳途徑，個別因素的考慮和方法的選擇具有同樣的重要性。

一、經驗推斷法

　　經驗推斷法則比較適用於短期。短期分析常與預算安排有密切關係，其年限通常在一年以下。經驗推斷法開始於企業產品的需求，並對政府法令規定、市場競爭一併加以考慮，進而預估未來產品的需求。有了整個需求數字，再就每項產品的區間數值(Segmented Forecast)加以預估。按其特性、所需技術、行政支援，可就產品別、技術別或部門別訂定工作預算，有了這個預算就反映出每個類別的工作量，再按以數量比率轉換爲人力需求。

　　長期的預估就比較複雜，主要原因當然在因素的變化不定。因此就必須仰賴一些統計模式，當然短期的預估也可使用這些模式加以印證經驗推斷法的預估結果。下列方法皆屬長期性的預估。

二、總體預測法(Aggregated Forecasting Model)

　　這個模式同時採用了內在及外在因素，其公式如下：

$$\frac{E}{N} = \frac{(L_{agg}+G)\frac{1}{x}}{y}$$

其中 E 就是未來預估勞動力的數值，L 是目前企業活動的總值，G 是經過 N 年後的成長數值，x 是在 N 年後勞動生產力的增加比率，例如1.05就是增加5%；y 是目前企業活動的轉換總值，小字 agg 代表總體的數字。

　　這個模式有幾個特點：第一，未來的企業活動和成長與雇用人數成

正比例的關係。第二，生產效率因素 x，可以改變雇用人數，改變的方向端視生產效率是否增加或降低。第三，當前企業活動的**轉換**數值，代表企業一貫用人政策和工作安排，所以一旦用人政策或工作設計更改，轉換數值就可能發生變化。現舉一例加以說明，假若一個製造電容器工廠，現年銷售額 60,000,000 元，預計未來五年成長是 80,000,000 元，即增加 20,000,000 元，而預估每年生產效率提高 1%，五年即可提高 5%。至於轉移數值按過去經驗和當前工作設計，60,000,000 元的銷售額用 60 人，即每 1,000,000 元的銷售額需用 1 位員工，則五年後的員工數額將是 77 人。

$$五年後需用人數 = (\frac{60,000,000 + 20,000,000}{1,000,000}) \times \frac{1}{1.05} \cong 76$$

三、傳統統計法

統計方法的運用主要是在探討人力資源規劃各項因素間的關係。它可能包括一般線性模式、多變數分析、機率分析等，但最常用的是一般線性模式，其探討重點在於人力資源規劃因素之間到底有無系統性關係。要回答這個問題並不簡單，一般企業可以試從分佈圖(Scatter Diagram)初步觀察因素間的關係，尤其是兩個因素間的關係。如**圖 5-2** 企業甲顯然表示公司銷售額愈高，業務人員也相對增加，而**圖 5-3** 企業乙則無此關係。一旦發現有某種關係存在，我們應加以分析，這個關係是否合理，是否合於一般企業運作關係，以避免設定錯誤的作業導向。例如生產作業人數的多少往往與銷售額大小成正比關係，但有時銷售額的增加很可能是員工生產力的提高或員工加班所致。

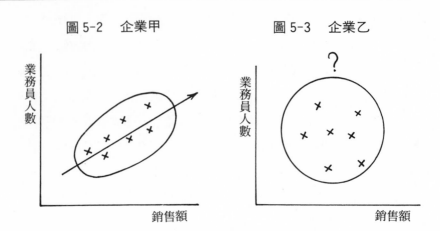

一般線性回歸模式在求一條最適曲線,這條曲線(一般都是直線),代表實際數值與線性數值的總差距最小。差距愈小,這條線就愈接近事實,愈有助於預估未來。應用線性回歸模式可求得一個簡單方程式,說明曲線的常數和斜率。現以簡單模擬數字說明,假如我們了解醫院的病床數量和所需護士成正比關係,根據過去紀錄或其他醫院的狀況,搜集到一些實際數字如**表 5-1**。依據醫院發展計畫要擴充床位從目前 300 個床位,270 位護士,增加到 450 個床位,屆時又需要多少護士呢?我們可得方程式 y=a+bx,a 是常數,b 是斜率,y 是預估護士人數,x 是床位數。由**表 5-1**,我們可以算出 a 和 b(a=20,b=1)。所以我們藉此模式預估,若醫院增加床位到 450 個,屆時就可能需雇用 470 位護士(470=20+(1×450))。若增加床位到 700 個,那就需要 720 位護士了。

統計方法的運用必須考慮實際資料數的多少,實際資料愈多,預測也比較精確。也須考慮到資料的分配和準確性,當然資料準確,預測也比較可靠。除此之外,在模式應用時,對於資料的一些假設也應仔細分析其合理性,如果假設依然成立,模式的應用也就比較可信賴。

表 5-1　醫院病床數和護士人數

醫院床數	護士人數
200	250
300	270
400	450
500	490
600	640

四、團體預測法

在人力資源規劃上，雇主、高階主管、或人事主管都會憑其個人經驗對企業未來做某種推測。隨著環境變化，企業分工益形複雜，許多因素的交互錯綜關係，使得人力規劃作業往往超過一個人所能理解掌握的範疇。其結果是大多數的預測工作都必須仰賴多數專家和管理者的知識和判斷，集思廣益得到比較合理的預測。一般來說，團體預測法有兩種方式，一是得爾法(Delphi)，另一是名義團體(Norminal Group Teaching)。這兩種方式都認為透過團體互動的過程，團體的預測要比個人預測為準。其中不同的地方，乃在得爾法透過中間人整合參與專家間的互動關係。這個中間人將一些背景資料和每個專家的預測，個別傳遞每個參與專家，專家根據所收到資料和其他專家的預測，重新預估後將預估結果回覆中介人，中介者再一次將有關背景資料和每個專家的預估，傳遞給每個參與者。如此反覆數次，每個專家的預測將漸趨一致，終得結論。而名義團體的作法是每個專家都在場一起討論。

一般來說，團體預測法和經驗判斷法有密切關係，它的應用應在下列狀況較為理想：

(1)預測問題已超越一般統計的預測能力範圍。

(2)外在環境不但複雜且相互關連，難以模式化。

(3)個人的判斷或預測不足勝任。

(4)問題的特性適合團體討論，而且會有一致的傾向的特性。

五、馬克夫模式(Markov Model)

員工的異動是企業中人力規劃最具有動態性的業務。在上述的方法中，我們大致可以推算整個企業或一個部門、或一門專業的需求人數。對於各工作的成員變動，依然無法掌握，馬克夫模式即在針對企業成員工作上異動予以有效估計，對招募及遴選活動給予一個比較詳細的指標。進而提供企業對個人永業發展的參考，其作法可依下列步驟進行：

(1)設定企業組織結構及各項職位間的關係。

(2)搜集歷史資料，對每個職位的遴選人數、升遷異動、新工作的產生、離職等詳細列記。

(3)根據歷史資料，預估工作的轉換穩定程度及轉換方式。

(4)一旦工作間的轉換形式明顯而穩定，可按過去數字，算出工作間轉移的機率，如業務員升任業務課長的機率為何？

(5)有了機率，便可按矩陣代數的觀念，預估未來人數的變動和需求。

表 5-2 是一個業務部門的工作異動矩陣，表中第一欄是業務部門的三個職位，業務經理、業務課長和業務員，第二欄代表三個職位現有人數，而第三欄是這三個職位的明年配置結果。在第三欄中，業務經理項下，有 8 人留任，有 2 人從業務課長升任，所以下期業務經理仍有 10 人。在業務課長項下，有 16 人留任，從業務員升任業務課長有 3 人，合計下期業務課長有 19 人。業務員項下有 48 人留任，從業務課長降級為業務員有 1 人，共有 49 人。總計下期預估人數為 78 人，其他 12 人是離職人數。

在離職欄下，有 2 名業務經理、1 名業務課長和 9 名業務員。如果明年業務量不變，所需業務人員人數一樣，那麼業務部門就需追補 1 名業務課長、11 名業務員。表中括弧（　）內的數字是一個職位轉移到另一個職位的平均機率。例如在離職欄中，業務經理的離職率是 20%，同樣地，從業務課長升任業務經理的機率是 10%。

表 5-2　業務部門人員移動配置表

職位類別	本期人數	下期人數預估及其機率			
		業務經理	業務課長	業務員	離職
業務經理	10	8(0.8)	0(0.0)	0(0.0)	2(0.2)
業務課長	20	2(0.1)	16(0.8)	1(0.05)	1(0.03)
業務員	60	0(0.0)	3(0.05)	48(0.8)	9(0.15)
	90	10	19	49	12

　　在編列這個矩陣表格的過程，我們可能發現某些職位人數過多，其原因不外原來的人數不變，卻有其他職位的人員調到這個職位，造成超額現象。當然如果外在環境變更，總需求人數減少，也會造成人員過多的現象。所以馬克夫模式，不但可以預估離職行為，也提供未來人員精簡的方向。

第四節　人力資源規劃的運用

　　有了人力需求和供給的預估，接下來的就屬於人力資源計畫方案及運用的範疇。這一節，我們將討論人力資源方案目標的確立、策略的選定、和執行方案的定案。

一、人力資源規劃方案的目標

　　人力資源規劃的目標是經過整個人力需求供給的了解，配合企業本身的條件而訂出的一個比較具體可行的方向，其目的在提供其他人事作業的依據，同時它也間接提供日後評估人力規劃系統的標準。一般來說，人力資源規劃包括下列四項次級目標，每個目標都與原先人力資源規劃的因素有密切關係。它們是生產力或效率的提高、內部人員的精簡、外在人員的招募、和替代人員的安排訓練。前兩項與勞力成本有關，其方向在降低產品的勞力成本；後面兩項是考慮現行人事政策和外在環境的配合，也在求勞力間接成本的降低。所以這四項因素又有密切關係，如何予以安排其間先後重要次序，就是人力資源規劃目標確立中的重要課題。當然這必須考慮整個企業的目標和策略，因為企業目標和策略提供了一個大前提和方向，也要考慮人力供給需求的預估分析結果。考慮企業目標在保證人力資源規劃與其他企業活動的一致性，而按照分析結果擬定目標，在求此目標的具體可行性。

二、人力資源規劃方案的策略

　　在此階段，首要工作是規劃出達成目標的不同途徑和作法。個中考慮應廣泛而周延，以期涵蓋所有的重要課題。因此在思考過程，理論觀念的引導是非常重要的。其次經驗的配合，以確定重要變項因素，進而選擇不同的方案。例如為增加 5% 的生產效率，一個企業可以變更人力和資本的結合比例、工作的重組、員工的訓練、激勵的加強等。一旦選擇的方案產生，評估的工作隨即展開。初期的評估工作主要在考慮外在因素的限制，如法令、契約等。其目的在剔除有些顯而易見的不良方案。

其次進行成本效益分析，了解方案執行的容易程度，確定技術上的可行性，以及不執行的結果。最後綜合這些方案形成人力規劃的藍本。

三、工作計畫的定案

一旦方案形成，細部工作計畫或方案便應運而生，在這個階段最需要的是實務經驗，一般工作計畫包括目標、主要工作及活動、工作時限、負責人員、預算的配合等。在此目標的重敍述，是期望整個規劃工作相連貫一致；而工作和活動是將策略具體而微地表現在點點滴滴的業務上；時效的安排是追蹤考核的必要項目；而負責人員的選定使得工作有著落而不致推諉。至於預算的分配，不但表現原先成本的預估水準，也可做為日後成本效益分析的參考。

四、人力資源規劃的控制和評估

這是人力資源規劃的最後階段，其目的在檢討整個規劃過程，並回饋給各個有關人員，協助這些有關單位將有關工作納入系統。一個完整的評估體系通常應包括下面幾點：第一，一套可行性高又有彈性的評估標準；第二，一套比較標準和實際成果的方法；第三，偏差及其原因的溝通及矯正方式。一般說來，人力規劃評估內容應包括以下幾點：

(1)實際勞動市場與預估之比較分析，以視有無調整原先預估之必要。

(2)工作計畫預算與實際作業成本的比較。

(3)人力資源規劃目標的驗收。

(4)整體人力資源規劃的成本效益分析。在這方面許多數量化的指標可資應用，如人事成本、離職率、生產效率指數、職位出缺率、空間遞

補時間。甚至企業氣候和態度調查也可做為分析的資料。

　　根據上述，我們大致了解人力資源規劃的內容，再考慮當前人事管理的作業，略可歸納當前人事專業應努力的方向。

　　(1)具備並培養勞工經濟學或人力資源學的專長，從事有系統的勞動市場調查或有關資料的搜集。

　　(2)建議高階主管人員，使其了解人事作業的相關性和重要性。

　　(3)建立管理制度。

　　(4)持續不斷掌握企業的人事動態。

第五節　小結

　　本章首先介紹人力資源規劃的特性，它是一個支援性的作業，在對企業整體的人力資源作業提供一個藍圖。為了建立這個藍圖，我們進一步對人力規劃的主要因素和預估人力供需的方法都詳加分析。一旦有了這個認識和了解，再進一步強調計畫後執行的重要性，並介紹了人力資源規劃作業的運用，這些作業方案的運用，都是按照管理的計畫、執行、考核和再執行的觀念加以安排。人力的規劃是求質量並重，本章偏於量的分析和規劃，在員工能力和工作分析則講求質的分析和規劃。

第六章
員工能力和工作分析

　　人事管理作業的主要目的在求個人與企業良好的交換和互動。在不同的企業環境文化，員工與企業的交換搭配，或有不同，但最終目標仍在求個人能力、工作要求、和企業環境的搭配。爲求這個搭配可以持久，一方面員工必須對其所付出的努力和能力而獲得的報酬有工作滿足感，另一方面企業必須對其員工的工作表現合於所給的誘因而產生工作滿意感，只有雙方都具有工作滿意感和滿足感，這種互動搭配關係才和諧才持久。圖 6-1 就在表示這種關係。

圖 6-1　工作與員工互動關係圖

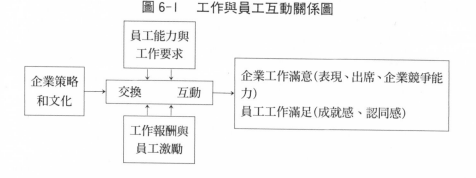

　　工作特性通常包括工作要求和工作報酬。工作要求包括執行一項工作的技術和能力；工作報酬指一般員工所追求的事物，如待遇、升遷、良好工作環境等。個人特性包括個人工作能力和工作激勵。個人能力包

括一個人從事某項工作的能力、經驗和技術水準,個人激勵則指個人從事一項工作的意願和努力程度。

第一節　員工能力

能力指具有從事某項工作的特定技術或智力。多年來,專家學者即在追求如何測定個人的能力。一般而言,企業所衡量的能力可分下面類別:

一、智力

早期智力測驗的方向著重於學生在校成績的優劣,智力的檢定和衡量變成一項極爲普遍的能力測驗。但是在實際運用上仍有其困難,主要是智力的界定仍然沒有完全肯定的答案。早期學者認爲智力代表一個人的潛在學習能力,在這個定義下,智力只表示一個人在一定時段所有的潛在能力。近期學者認爲智力是處理事務和解決問題的能力,這種定義具有高度社會性和文化性,會因時代文化的不同而不同。在追求智力的通則性過程中,多數學者認爲智力包括許多不同項目,如語彙、理解、歸納、數理、記憶、空間、認知等,這些項目是相互關連的。一個人若在數理層面有相當表現,在其他項目也會比較優異。但也有學者認爲這些項目之間是相互獨立的,一個人數理好,不見得語彙字彙就在行。目前這兩種說法都爲人接受。

二、體力

體力是影響工作表現的重要因素。體力只是總稱,它包括各種獨特

不同的項目：

　　⑴控制力：指控制肌肉運動的準確程度，例如將一個電容器放入塑膠模板的指定小孔中。

　　⑵肢體協調：指手脚並用的情形，如雙手同時包裝產品。

　　⑶方向判定：指在一定的刺激下能及時又準確地運動，例如在緊急狀況下，立刻移向一定位置或伸手指向開關的方向等。

　　⑷反應時間：指對一種刺激所起反應的快慢程度。

　　⑸手臂運動：指手臂運動的快慢程度，與準確度無關，如將橘子從樹上摘下放入籃中。

　　⑹速率控制：指對移動的物體能以相等的速率調整以保持某一速度和方向。

　　⑺手臂靈巧：指手臂移動較大物體的準確度。

　　⑻手指靈巧：指手指移動較小物體的準確度。

　　⑼手臂穩定度：指手臂移動物體的移動程度，如穿針。

　　⑽手腕靈巧度：指手腕活動的頻率和準確度。

三、人格

　　人格是個人價值觀的表現，通常不屬於智力和體力的部分大都可歸於此類。透過人格可以了解個人的動機和態度因素，但是在衡量上甚為複雜困難。有些以問卷方式，有的以投射方式(Projection)衡量。雖然在衡量上有許多不便，但人格愈來愈受到企業的重視。因為態度和動機的了解有助於日後工作表現的預測，尤其是監督及管理階層的人員，情緒的成熟、處理事務的客觀性，均對管理功能大有幫助。此外，員工價值觀、態度及其動機的了解，亦有助於預測員工是否與企業文化相符以致認同加入企業中。

　　總結員工能力分析，近期專家學者建議從兩個角度考慮，以求員工能進一步與工作條件和企業文化配合。

1. 綜合能力(Knowledge, Skills, Ability)

　　⑴知識：即對特定專業所擁有知識和了解

　　⑵技術：從事特定工作項目的經驗和成熟度。

　　⑶能力：指個人未來學習發展的潛力。

2. 人格總合(Personality, Interests, Preference)

　　⑴人格：指個人價值觀、性格和態度的表現。

　　⑵興趣：指個人對事物的傾向及潛在學習能力。

　　⑶喜好：指個人對事物的喜好程度。

第二節　工作分析(Job Analysis)

　　工作是許多相關工作項目(Task)的組合，通常由一個員工從事該項工作。每項工作既有工作項目和內容，自然就有執行該項工作的資格條件，如此才能按圖索驥找到合乎這項工作資格條件的人選，達到工作和員工的最佳配合。工作分析就在以科學和有系統的方法決定一項工作所應包含的工作項目以及從事此項工作的必備知識、技術和能力。工作分析可以說是人事管理業務的基礎性作業；工作分析的結果，可以做為甄選、薪給、工作評估、和訓練的依據。

一、工作分析的步驟

　　⑴人力資源策略和目標的了解與人力規劃作業的方向，以確定企業在工作設定的重點。

　　⑵工作分析目標的確定。其作用在對工作分析提出一個主要方向，

藉此可以確定資料搜集的內容和工作分析的方法，以及負責工作分析的人員。

⑶搜集背景資料。在對企業所在的產業、企業的競爭策略、文化、企業的組織結構、職業的分類、和現有工作的描述等因素加以探討，以了解所要分析工作的歸屬和關係。

⑷選擇具有代表性的工作加以分析。即對每個職系或類別的工作，找出具有代表該職系的工作加以分析，不但可以節省時間，也可以減少不必要的分析費用。

⑸選定資料搜集及分析方法，對選定的工作，按既定方法搜集一切有關資料。

⑹發展工作描述(Job Description)。即對所選定的工作，依據所有之資料，予以文字描述，列舉主要工作要項及特性。

⑺發展工作規範(Job Specification)。將前面寫好的工作描述，轉變為工作規範，強調從事該項工作應有之技術和能力。

二、工作分析方法

工作分析方法很多，複雜程度不一，所需要的技術能力也有差異。

1.面談

主要是由工作者就其目前工作加以報告，透過面談可以發現一些不為人注意的工作內容，也可藉此說明企業從事工作分析的目的。面談所問的問題適用各種工作，但為求所得答案的一致性，面談當找許多位相同工作人員加以詢問。但是面談仍易造成資料的曲解，其因乃在工作者往往過度強調其工作的重要性。為了減少資料的偏差，除了建立面談者與工作人員的良好關係外，有系統的詢問也頗為重要。

2.觀察

　　直接觀察工作者在工作時的行為是最客觀的，不過觀察者往往需要專業的訓練，才能注意到重要的行為。觀察法通常適用於一些較少變化而有動作性的工作，一般生產性的工作均屬此類。通常觀察法和面談先後交互使用，使資料搜集完全而且客觀。對一個尚未建立工作描述的工作，為求了解其工作大概內容，我們先予觀察，記下一些工作重點和行為，再面談工作者，澄清觀察時所忽略或不易了解的部分。

3.單位主管會議

　　在工作人員不願參與的情況下，我們不得不仰賴其上司對該項工作的認識。此時工作分析人員必須有效地引導各主管，詳細介紹該項工作的內容，進而推論所需的資格條件。

4.重要事件法(Critical Incident Method)

　　這方法也是以工作者的直接上司為主要參與者，即要求每個主管將其下屬工作的行為詳加記錄，對於影響工作績效的重大行為更是要詳盡務實。接下來便從各個主管的紀錄中，找出相關或相同的重要工作內容，編成工作描述，這種作法在強調工作的內涵。**表 6-1** 和 **6-2** 提供一個重要事件法的例子。

表 6-1　　重要事件法問卷表

當你看見下屬或其他人執行職務，明顯地影響其個人或整個團體的工作績效時，請就下列問題詳加記述： 　　1.當時工作環境 　　2.從事該工作員工的實際話為 　　3.為什麼這項行為對工作績效大有幫助 　　4.這事件存在的時間 　　5.這個員工的工作是什麼，其個人從事這項工作又有多久

表 6-2　　重要事件法發展的工作項目

工　　作：打字員
工作項目：工作的準確性
重要事件：
　　　1.注意到信件和稿件有明顯的錯誤並加改正
　　　2.打出的文稿如同印刷一般
　　　3.遇有關問題，首先查閱祕書工作手冊
　　　4.常將文件歸錯檔案
　　　5.文件中的重要字體如地點、時間、數字常被錯打
　　　6.打完文件忘記用字典或文字處理機複查
　　　7.常寄錯文件不檢查地址或受件人

5.問卷和項目檢定法

　　問卷和項目檢定法(Checklist)不大相同，問卷是要工作者提供工作的內容及所需資格條件，而工作者是受到其主管的指示，對於工作內容和要素提出員工自己的看法，按照員工意願填寫。而項目檢定法是已經列好了一些因素和項目，只要求工作者對該項因素或項目表示適用程度和重要性而已。工作者通常不會加上新的工作項目或要素的。這種做法逐漸受到重視，因爲它可以配合電腦的分析能力，許多細目的檢定也可以加以分析，使工作描述更詳盡。這種工作項目檢定問卷有許多範例，如工作分析問卷(Position Analysis Questionnaire)、美國勞工部問卷(Department of Labor Methodology)、管理職位敍述問卷(Management Position Description Questionnaire)。

　　基於上述，我們大致能夠了解一般的工作分析方法。在這裡有幾點要補充說明，藉以進一步對這幾個方法有所認識。第一，有些方法傾向於工作導向(Task Oriented)，如重要事件法，有些則著重行爲導向(Behavioral Oriented)，如問卷法。工作導向強調每項工作的內容，行爲導向則注重發展一套適於所有工作或某一職系的行爲結構，用以描述所有

有關的工作。第二，各種方法的用途和效果不盡相同。面談、重要事件法所獲得的資料和工作分析，較適用於工作訓練和工作評價。問卷法則可用以配分、比較不同職系的工作，所以適合薪資制度的建立。第三，沒有一個最好的方法，每個方法各有其優劣，所以在進行工作分析時，常並用不同方法。

三、工作分析的構面

工作和行爲導向的工作分析方法，都會先找出工作的共同層面，然後按照每個層面(Dimension)加以分析其在一項工作的適用程度及重要性，再比較每一個層面在這項工作中的重要性而予以配分權數。如此工作分析者便可得到一個數值，這項工作的數值便可與其他工作的數值相比，做爲人事管理作業的參考。

各個行爲導向的工作分析方法，所用的工作層面大致相同，現以兩個例子加以說明。工作分析問卷有 6 個層面，以 194 個問題加以綜合歸類，其信賴度甚高。第一，資訊取得，包括資料如何取得、運用資訊的認知區別能力；第二，思考過程，包括決策做成和資訊的運用；第三，工作產出，包括使用各個機器設備的情形；第四，人際關係，包括與人溝通、協調和監督等活動；第五，工作環境，包括物質上和精神上的周遭環境；第六，工作相關特性，包括工作安排、服裝要求、一般責任等。

管理職位敍述問卷則有 204 個問題，綜合起來有 12 個構面：

(1)規劃：包括生產、行銷和財務的長期規劃工作。

(2)協調：對不直接指揮監督的部門所做的協調和處理部門間衝突的工作。

(3)內在控制：對所屬部門所有資源的調配運用。

(4)產品責任：在產品從製造到行銷過程中，所負的產品責任。

⑸公共關係：與外在企業或個人接觸的程度。

⑹諮商：對特別問題提出見解的程度。

⑺自主程度：在工作自由裁量的程度。

⑻財務權限：工作上對財務負責的程度或可支用的預算程度。

⑼幕僚性：對其他部門或主管提出幕僚服務的程度。

⑽監督：直接指揮監督的人數和工作範圍。

⑾複雜性和壓力：工作要求的時間性、準確性對其個人所造成的負荷。

⑿財產支用權：對企業所有財產支配的程度。

四、工作分析誤差的防止

不管使用何種工作分析方法，在分析過程中常見的誤失有下列幾點，應注意防止。

1.抽樣構面的不當

這裡指的是工作分析構面的不足或不相關。當選用構面不足，自無法完全表現工作的內容。當挑選的工作分析構面與該工作無關時，會導致工作內容的假膨脹，會造成人員的浪費。所以先就行為導向的構面加以觀察或面談，才不致有此缺失。

2.問題回答的差異

由於每個受訪者或問卷回答者對於工作構面和其重要性認識不一，就會造成相同行為不同回答的情形。一個需要每天工作兩小時的工作構面，因為量的關係，一個人認為很重要，但是另一個人也許因為這兩個小時的工作，在質的方面也許不甚重要，而給予不同的重要程度。為求受訪者回答的一致性，對於資訊運用的目的和問卷問題的涵義都必須先予以澄清，必要時以實例補充說明。

3.工作環境變遷

這是最難解決的問題，由於每個人的工作隨時間都會發生變化，其工作內容自然不一，間接地影響其他工作構面的分配和重要程度。唯一可行的辦法是當工作發生重大變化時，重新再予工作分析，建立新的工作描述和規範。

第三節　工作報酬和激勵

個人與企業的關係是一種相互交換關係。這種交換關係的維持必須以雙方滿意為前提，也只有雙方都對這種互換關係認為可以接受的情況下，才會繼續下去。前面兩節介紹工作要求和個人能力的搭配，著重企業的主動性和工作的安排。為求交換行為的完全，讓我們看一下個人如何接受企業所給的誘因和報酬，如何反應企業對其工作要求，以完成整個交換過程。

一、工作報酬

由於工作報酬主要在滿足員工個人需要，而滿足與否完全在於接受報酬的個人，而不在於給予報酬的企業。所以我們先就個人需要理論加以介紹，再討論需要的運作過程。

需要是指個人所追求的目標集合體，它不一定完全來自我們生理，有些需要也來自我們的心理。需要既然是一個集合體，是一個抽象名詞，我們又如何去界定、分析、運用呢？苗磊(Murray)採用相當細膩的分法，將需要列舉許多項目如防衛、崇敬、控制等，但是這些名詞仍然抽象不易了解。因此在綜合許多項目的過程，有一個重要原則就是這種綜合過程有助於我們了解個人行為，也和我們的生活經驗息息相關。根據

這個原則，我們大致可將需要分成下列六大類別：

　　(1)存在需要：包括性、饑餓、口渴、呼吸等生理需要。

　　(2)安全需要：指個人身心免於傷害的需要。

　　(3)社會需要：指人際相互依賴支持和認同。

　　(4)尊重和名譽需要：受人尊重和認可的需要。

　　(5)獨立和自主需要：指不受轄制自我滿足的要求。

　　(6)成就和自我實現的需要。

　　這個分類與馬斯洛(Maslow)的分法相似。馬斯洛將第四項和第五項綜合爲自我尊重的需要。其需要的分類也有等級，人們的需要追求是從低層次的需求開始，只有低層次的需要得到滿足後，較高層次的需要才變得重要。他認爲在一定時段，通常只有某一層次的需求得以發展，也只有在發展的需求才最重要。不過一旦較低層次的需求不再得以滿足，原先較高層次的需求也就會失去其重要性。事實上，這種層級理論並非如此嚴謹，目前這種層級理論爲一般學者所接受的只有兩級，而不是五級或六級。第一級包括生存、安全的需求，第二級則包括社會需要以上的需要。換句話說，當生存及安全需求得到滿足後，其他較高層次的需求，都有可能變成重要的需求，而一般人是不太可能同時在追求安全低層次和自我尊重高層級的需要的。

二、工作報酬與個人需要

　　工作報酬和個人需求的搭配在強調需求和報酬的相互性，這兩者並無衝突。需求強調個人所經驗的不足，進而採取特定行爲以解決或減少所感受的差異或不足，除去因需求不足的壓力，所以個人需求是推力，促使個人採取一定行爲。工作報酬則指一些可以滿足個人需求的外在因素，所以具有吸引力的效果。在企業中，具有拉力或滿足個人需求的報

酬類別可分為三：

(1)工作本身：任何工作均有其意義和價值，從事該工作自然有某種程度的成就感或覺得對企業或社會有某種程度的貢獻。當然個人的期望和工作的意義可能有出入，進而減低工作的價值，而工作豐富化或擴大化就在增加工作本身的價值。

(2)人事作業的誘因：人事作業中，具有滿足個人需求的有待遇、升遷、工作保障、工作安排等，這些誘因或滿足個人一般性的需求如待遇，或滿足個人特定需求，如工作保障即在滿足個人安全需求。

(3)工作社會環境：員工從事工作不是在一個真空中進行，所有的工作都必須透過他人的合作、協調、監督等才得以順利進行，上司可以讚美或訓斥使員工得以滿足或不滿足，同事之間更可以認同和友誼影響相互間的工作。

三、工作報酬的衡量

工作既有許多內容足以影響員工的行為，對於這些因素的影響力或重要性自然要加以遴選分析衡量。衡量的方式有兩類：第一，直接詢問從事該工作的員工或其上司，對某些工作項目或內涵的滿意程度；第二，根據工作特性和條件，加以推論一項工作可能具有的激勵滿足效果。現舉例說明這兩類的衡量方法。

1.工作診斷書(Job Diagnostic Survey)

工作診斷書是從員工的角度衡量工作的每個構面。這種診斷認為員工的心理狀態會影響工作績效，而特定工作構面的有無，足以影響員工特定心態。一般認為下面幾項工作構面足以培養良好的心理狀態，進而提高工作績效。這種方式乃從激勵理論探討一項工作的激勵效果。

(1)工作變化性：工作多變化需要不同的技術和能力。

⑵工作完整性：工作本身自成一個單元。

⑶工作重要性：工作的結果對他人有重大影響。

⑷工作自主性：工作中自由裁量的程度。

⑸工作回饋性：工作過程中，員工可以得知其工作成效。

綜合如上五個特性，我們可以試著給一項工作一個激勵分數，工作激勵分數的高低，便可以推算該工作與個人需求搭配的程度。

2.明尼蘇達工作描述表(Minnesota Job Description Questionnaire)

這個量表需要工作者的主管來回答，在**表 6-3** 中顯示 21 個工作激勵項目和問卷問題，主管就所監督的工作在這些項目所佔的比重予以評定。不同的工作，在這些項目的重要性就會不同，例如個案輔導工作就需要創造力，但不需要監督的技巧，而領班就需監督技巧，但不需創造力。當然相類似的工作，在這些項目的評分比重上就可能相近，依據這個道理，評分相似的工作便可歸類成爲一個工作群。按照個別問卷結果，我們可以將該工作納入一個工作群。根據工作群的激勵因素，便可進一步求得與個人條件相合，達到員工與工作配合的目的。

表 6-3　明尼蘇達問卷項目

項　　目	問　　題
1.能力運用	得以發揮員工能力
2.成就	有成就感
3.工作繁忙	工作一直繁忙
4.晉升機會	有機會升遷
5.權威	有命令指揮權
6.企業措施	企業措施管理
7.待遇	待遇較同仁爲好
8.工作同仁	同仁相處良好
9.創造力	有機會採用自己的想法

10.道德性	工作有道德上的價值
11.獨立	自己工作
12.知名度	容易得到他人的表彰
13.責任	自己做決定
14.安全	工作有保障
15.社會服務	有機會服務其他員工
16.社會地位	在社會中有地位
17.與上司關係	得上司支持
18.監督	得上司的帶領
19.變化性	工作不重複
20.工作環境	良好的工作環境
21.自主性	自己安排工作進度

四、激勵及行為

企業、工作與個人的搭配，即在求相互的滿足和滿意。了解滿足和滿意的過程及結果，可以幫助管理者促進工作與個人的搭配。以過程為導向的期望理論(Expectancy Theory)，即可提供人事管理人員及主管設計一套激勵方法，使工作要求和員工行為有最理想的搭配。

期望理論是一種認知理論，認為人們有目的行為在增進他個人的滿足。按照期望理論，激勵的產生在於三個重要因素：一個是期望認定(Expectancy)，指一個人自認從事某項特定行為的能力。換句話說，期望就是一個人主觀的估計，自認在一定努力程度下，可以產生一定行為的看法。所以，一個人愈有自信，則認為愈有可能產生一定行為表現。對這些人而言，激勵的效果也愈大。另一個因素是工具性(Instrumentality)，指一個行為表現和所獲得報酬間的主觀認定。這和期望相似，它完全是主觀的估計。如果一個人認為只要工作表現良好就會升級，這種工

作表現和升級之間關係的認定，就是行為表現和其帶來報酬或結果的工具性。第三個因素是價值(Value)，是一個人主觀對所得報酬的價值認定。由於個人有差異，每個人對不同的報酬，如加薪或升級，就有不同的價值認定。

綜合上述三項因素，我們要求員工有良好工作表現就必須符合三個狀況。第一，高度期望和自信心，也就是員工的能力條件和工作的要求是理想配合。第二，良好的工作表現會有一定報酬，工作表現愈好，報酬愈大，也就是報酬制度的公平。第三，報酬的高價值性。針對個人的需求和價值觀，給予每個員工最有價值的報酬，就會激勵員工。所以一個人所受激勵的大小就可參考下面式子得一概念。在這個公式中，Σ 符號指有一項行為表現可能帶來許多不同的報酬，所以必須將所有的報酬價值綜合起來推算。

激勵程度＝期望認定×〔Σ(工具性×價值)〕

就企業而言，有七項行為是企業希望員工所表現出來的。第一是新進員工的加入；第二是員工的到勤；第三是工作表現；第四是繼續留在企業內；第五是增加企業競爭優勢；第六是提高企業效率；第七是改善企業形象。所以激勵制度的設立就針對這七項行為，並求相互之間的配合和一致。現就當中幾項略加分析說明期望理論的運用。就求職者而言，期望認定指一個人申請時自認可以獲得錄取的機率，而工具性則指所申請職位與職位報酬間的關係，這與企業招募和遴選有相當密切的關係。當期望認定低到接近零時，一個人便不會費神找工作，這些人就成了挫折勞動(Discouraged Worker)，離開勞動市場。由於期望認定是主觀的，一個人找工作，一定會找一些自認為有可能的工作，這種作法就產生自選(Self Examination)。錯誤的自選會產生許多坐失機會的現象。工具性的不當乃在求職者不了解企業內部情形，而有偏差的想法，造成交換過程的錯誤搭配，一旦員工進入企業，發現原先的工具性認定不合，

覺得行為和報酬之間的關係不當，就會產生不滿而生離意。所以不當的招募和遴選會導致高度離職率就是這個道理。

　　一個人一旦成了企業的一員，準時到勤就成了第二個重要的行為表現。它一方面是繼續留在企業內的一種表示，同時它也是工作上良好表現的必要條件。由於到勤行為不是一件難事，沒有期望認定的問題，只有工具性認定和價值的問題。所以相當多數的企業對於到勤都有規定，內容不但包括正面的獎勵，也有負面的處罰。全勤有獎金可拿，缺席也會遭到扣薪的處分。繼續留在企業的行為與到勤行為不太相同。留任與否端視外在機會的有無和好壞，以及離職所附帶的成本，它與工作滿足有相當密切的關係。有關工作滿足和離職行為當在第四章敘述。

　　工作表現不僅以到勤為前提，更要考慮到期望認定、工具性認定、和期望價值。所以企業若想提高工作表現，勢必對二方面要加以注意，在人力資源作業中，遴選和訓練就在提高期望認定，使每個人的能力足以完成所賦予的工作，而薪給報酬制度就在提高工具性的認定。

第四節　小結

　　員工能力和工作分析是支援性的作業，與人力規劃相同，後者在提供企業人力運用的藍圖，而員工能力和工作分析則提供這個藍圖的細節操作。當然這兩者背後都需以人力資源規劃策略為依歸，配合企業文化，企業對工作和所需要的人才，便有個方向和認識。根據這個認識，企業開始對個人的能力做進一步的分類和了解，在第一節中介紹個人能力時，不但採用傳統分類，也兼顧個人能力與工作在整體企業文化下的配合觀念，又將智力分成知識、技術和學習能力。接著介紹了工作分析的步驟和方法。同樣人力資源策略和人力規劃的方向必須加以考慮，一個企業若採外在勞動市場供給，其工作的設定應與一般產業的界定工作相

近，或一個企業追求的是創新，工作的安排便應廣泛等。為求工作與個
人的配合，工作激勵的分析介紹，提供了一個一般性的模式。

　　若從人力資源策略角度看，如**表 6-4**，企業若求投資創新，其工作分
析必求廣泛，在工作上有彈性，同時個人興趣和嗜好的考慮也不可缺。
因為興趣能力若與工作相合，創新才有可能。企業若求提高品質鼓勵員
工參與，工作分析及工作規範必定確切，個人興趣也會加以考慮。企業
若求降低成本吸引員工，工作分析內容必定確切，工作安排也比較嚴謹，
生產成本才得降低，當然在這環境下，個人的興趣和嗜好則不受重視。

表 6-4　　策略、理念與工作分析

能力及工作分析	策略規則		
	投資創新	提高品質參與決策	降低成本吸引員工
工作規範 個人興趣	一般 重視	確切 加以考慮	確切 不重視

第七章
績效評估制度的建立

　　績效評估在人力資源管理作業中乃重要一環。一方面，它扮演著一個支援性作業的角色，提供企業現存人力資源的基本訊息。例如，那些員工可供升遷、那些員工需要何種訓練、那些員工在某方面有特別專長等。換言之，績效評估在內升、培訓、報酬等作業上提供了重要的支援作用，使得這些作業在實行上有正確根據。

　　另一方面，績效評估亦扮演著功能性角色，因為績效評估本身亦具有改善員工工作態度和能力的效用，藉著上司或其他同僚的訊息反饋，員工可更了解其優點及缺點，以致更醒覺地改善其本身的態度、行為、及績效。

　　本章和下一章將綜合績效評估的支援性和功能性功用一併討論，務求對這作業的建立和運用有廣泛和概括的認識。

第一節　績效評估的內涵

　　任何一個體系（例如：飛彈、企業或員工），在朝著目標前進時，都需要一些反饋訊息，使這個體系知道，它是否朝著正確方向前進？若不是朝著原定方向的話，差距有多少？需要怎樣的措施去矯正方向的偏差？

　　在企業中，績效評估正是給企業和員工提供這三方面的訊息。藉著

量度(Measurement)、評核(Evaluation)、和反饋(Feedback)的過程，績效評估一方面可影響和改善整體和個別員工的工作特徵（例如主動性、合作態度）、工作行為（例如與顧客的交往和服務）、和工作結果（例如銷售額），另一方面亦提供企業一些關於現存員工的個人資料，以便作為人力規劃及其他人事作業的根據。

　　圖 7-1 總括績效評估的主要內容和程序。從量度、評核、反饋、以及最後所得到的訊息，構成績效評估的主要過程，但得到的訊息是否準確或有用，則有賴於量度、評核和反饋的方法和內容。因此，企業必須經常檢討每個部分的方法和內容，以冀企業和員工都能得到準確和有效的訊息。

圖 7-1　績效評估的內容和程序

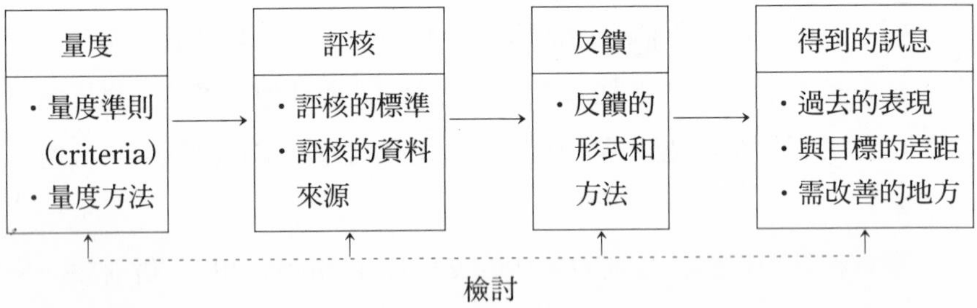

量度	評核	反饋	得到的訊息
・量度準則 (criteria) ・量度方法	・評核的標準 ・評核的資料來源	・反饋的形式和方法	・過去的表現 ・與目標的差距 ・需改善的地方

檢討

　　由於篇幅關係，績效評估制度將在兩章分別討論。本章將先討論績效評估制度的建立和設計，所以集中探討量度和評核兩部分的內容。下一章將討論績效評估的使用，就是當評估制度成立後，企業如何有效地使用這制度，以致企業將收集到的訊息，發揮最大效用。討論焦點將環繞反饋和得到的訊息兩部分，以及績效評估一些常見的誤差及避免方法。

第二節 績效評估的量度內容

一、量度的內容

績效評估制度的最基本部分便是量度的內容。量度的內容直接影響員工對工作的看法，因為它代表著企業對員工在某些工作方面的期望。例如，企業量度的重點全放在員工對顧客的服務行為（如微笑、招呼、回答問題態度等），則表示企業十分重視員工對顧客的服務水平。若企業量度內容放在員工與其他員工的交往，則表示企業重視員工對團隊精神，而團隊精神亦代表該企業生產或服務的成功要素。因此，量度的內容影響著員工的工作特性、工作行為、和工作結果。

由於企業的策略、文化和生產技術不同，量度內容亦應有所不同。基本來說，企業量度的內容應基於三個準則釐定。

第一是技術性準則，就是員工在有效地完成一件工作時所應有的態度、行為和結果。例如對一個汽車裝配工人，每日準時到勤對整條生產線有直接影響，因此缺席次數及準時出勤便成為量度內容之一。技術性準則基於工作分析，所以這方面的考慮，是因工作而異。

第二是策略文化性準則，每個企業由於運作環境不同，都有獨特的競爭策略和企業文化，有些企業注重創新性，所以績效評估應量度和評核與這方面有關的行為和特點。有些企業則著重穩健和保守作風，那麼，它們評估的內容又有所不同。策略文化性的因素與技術性因素不同，它們的焦點是整個企業，而不是個別的工作，所以不應因工作而異。

第三方面準則是法令性準則。由於每個國家的人事管理法則都有所不同（例如歧視問題），所以量度的內容亦應考慮這方面的因素，以免企

業受到法律訴訟。此外,個別行業對人事制度也可能有不同的管制,企業亦應予以考慮。

　　總括來說,量度內容的設計,應受到三方面的準則影響,技術性準則是基於工作分析,所以是因工作而異;策略文化性準則是基於企業策略和文化,是因企業而異;法令性準則是基於法則管制,所以應因國家和行業而有所不同。

二、量度的方法

　　當量度的內容決定後,企業接著便要決定量度的方法。縱使量度的內容相同,但是績效評估制度會因量度方法不同而有不同的效果。目前普遍應用的量度方法可歸為四大類:相對標準法(Comparative Standards Approach)、絕對標準法(Absolute Standards Approach)、目標釐定法(Objective-Based Approach)和直接指標法(Direct Indexes Approach)。

1.相對標準法

　　綜合各量度的內容,然後將員工排列優劣次序。優劣的次序又可根據四種不同的方法排列:

　　⑴直接排列(Straight Ranking)乃順著次序將員工的整體工作表現排成一、二、三⋯⋯等。

　　⑵間隔排列(Alternate Ranking)乃先選擇最好的員工排在榜首,然後選擇工作表現最差的員工排在榜尾,再選擇剩下員工中表現最好的員工排榜首之下,又揀選剩下員工中最劣者排在榜尾之上,如此類推,依員工的表現排列。

　　⑶配對比較(Paired Comparison)乃將每一員工與所有其他員工

逐一比較。若某員工優於其他員工的次數最多,他就是最佳的員工,如此類推,根據優於其他員工次數去決定某員工的排列次序。

⑷強制分配法(Forced Distribution Method)乃根據量度的內容,將員工排列,然後按著預定的百分率,把他們分成等級,例如工作優異者佔10%、工作尚可者30%等等。

2.絕對標準法

首先訂定一個標準,然後再比較個別員工是否達到這個標準。這方法跟相對標準方法不同,它不是與其他員工比較,乃是與一個預定的標準比較,所以不受其他一同評核的員工的表現影響。常見的絕對標準方法有三種:特徵評核表(Trait-rating Scale)、行為定向評核表(Behaviorally-anchored Rating Scale)和行為觀察評核表(Behavioral Observation Scale)。

⑴特徵評核表乃是傳統常用的量度方法,它的假設是儘管工作不同,在所有的工作表現優良者中,都存有一些共同特徵,例如勤奮、聰明、反應敏捷等,所以特徵評核表乃根據這些特徵而組成。特徵評核表通常不會因工作而異,企業都各自採用劃一的評核表,應用於所有員工中,但評核的標準是根據主觀的決定,把員工的各種特徵評為優、良、常、可、劣等。**表 7-1** 提供一個典型的特徵評核表作為例子,以供參考。

表 7-1　典型的特徵評核表

填表日期：＿＿＿＿＿＿			

姓　名	加入公司日期	工作地點／分行	部　門

現時職稱	在現職年數		教育水平

工作質量：

精密準確	正確無訛	尚無錯誤	間有錯誤	常有錯誤

工作產量：

超過標準	達到標準	勉合標準	未達標準	遠遜標準

協調／合作：

協調完善	聯繫適宜	尚能合作	聯繫欠周	不能合作

對工作的認識：

認識豐富	認識優良	認識敷用	認識有限	認識太差

可靠性：

絕對可靠	非常可靠	尚算可靠	須要督促	絕不可靠

勤奮：

認眞勤奮	不辭繁劇	尚盡職守	遲到早退	怠忽不振

主動：

積極進取	自動自發	尚須督促	遇事被動	消極應付

負責：

負責盡職	不辭勞怨	尚能盡責	懈於負責	敷衍失責

評核者簽名：＿＿＿＿＿＿＿＿＿＿＿日期：＿＿＿

複核者：部門主管：＿＿＿＿＿＿＿＿＿＿＿＿

人事部：＿＿＿＿＿＿＿＿＿＿＿＿＿＿　＿＿＿

　　(2)行爲定向評核表與特徵評核表有很多不同。首先它是建立於工作分析，量度的內容因工作種類而不同。其次，它量度的對象不是主觀的特徵（例如聰明等），而是客觀並可觀察的行爲。行爲定向評核表是分兩部分組成。第一部分是列明所有與工作有關（根據工作分析）的行爲類別（例如放貸）；第二部分是在每一行爲類別下，列明一些可觀察的行爲

狀況（或稱爲重要事件(Critical Incidents)），以便評核者能客觀地在每一個行爲類別中，選擇一項最能形容某員工行爲狀況的句子（請參閱**表7-2** 例子）。

表 7-2　行爲定向評核表舉例說明
（借貸助理員）

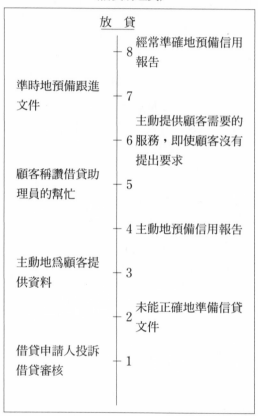

行爲定向評核表有幾個優點，包括提供員工更具體和客觀的反饋，以致他們能加以改善，另外行爲評核表亦能使評核者更容易與員工進行反饋會談，因爲此方法避免了一些主觀判斷，從而減低爭議的可能性，

但是這方法需要更多的時間和費用才能建立、發展並加應用。

(3)行爲觀察評核表與行爲定向評核表類同,同樣是建立於工作分析和與工作有關的行爲類別,所以它們在第一部分的發展過程是相同的。但在每一行爲的類別中,行爲觀察評核表只選擇一些重要的行爲狀況句子(藉統計方法加以驗證的),並在每一行爲狀況句子,以發生的頻率加以形容(從經常發生5至從不發生1),請參閱**表 7-3**爲例。

表 7-3 行爲觀察評核表舉例說明

(借貸助理員)
<div align="center">良好表現的行爲狀況</div>

1.借貸助理員準確地預備信用報告

極少				經常
1	2	3	4	5

2.借貸助理員友善地與借貸申請人進行會談和審核

極少				經常
1	2	3	4	5

3.借貸助理員全面地提供借貸申請人有關資料

極少				經常
1	2	3	4	5

不良表現的行爲狀況

1.借貸助理員沒有預備跟進文件

極少				經常
1	2	3	4	5

2.借貸助理員被借貸申請人投訴

極少				經常
1	2	3	4	5

3.借貸助理員需要被吩咐才預備信用報告

極少				經常
1	2	3	4	5

行爲觀察評核表乃進一步改善行爲定向評核表，因它更具體以數字形容某行爲狀況發生的頻率，幫助員工訂下目標加以改善；另行爲觀察評核表更加符合統計學的要求，比較科學化。但與行爲定向評核表相同，兩者同有一些缺點。例如對某些工作來說（如生產工作），工作結果比工作行爲的評核更爲重要，而行爲定向評核表和行爲觀察評核表卻以工作行爲作評核焦點。另外，兩者都是因工作種類而異，不能普遍應用於企業各個員工，因此亦相對費時費力。

3.目標釐定法

除了相對和絕對標準法外，有些企業採取目標釐定法量度員工的工作情況。對於管理階層的員工，目標管理法(Management by Objectives)乃常用的方法，對於非管理階層的員工，工作標準法(Work Standards Approach)則較爲普遍。與行爲定向評核表和行爲觀察評核表不同，目標管理法和工作標準法都是針對工作結果，而不是針對工作行爲。

⑴目標管理法分四個步驟進行。首先員工與其上司一起訂立來年希望達到的具體目標，其次再訂立完成這些目標所需時間、資源及最低的標準。在第一及第二個步驟，員工與上司可能因個別情況扮演不同的角色，在有些情況，員工可能扮演主動及積極角色，但在別的情況，員工的上司可能比較主動。但無論如何，所訂立的目標和標準，必須是兩方都同意的。在預定的時間過後，員工及其上司會再聚在一起，進行第三及第四步的程序。首先，他們會比較實際的工作結果和預期的工作目標，探討爲何某些目標不能達到（或某些目標能超過）預期標準，然後再訂立新的目標和新的策略去完成新一年（或未來某段時間）的目標。

目標管理法在管理階層相當流行，因爲它可以因著個別員工情況訂立和執行與企業相符的目標，另外透過員工的參與，使他們更加積極完成他們個人（亦是企業）的目標。

⑵工作標準法，是企業根據一些時間及動作分析結果或以往經驗的

累積,訂立一些標準和目標(如所需時間),以便指引員工按指標完成工作。工作標準法與目標管理法不同,它適用於一些重複性及簡單的工作。而標準的訂立,是完全以企業的經驗和研究爲依歸,員工沒有參與的機會。

4.直接指標法

直接指標法的評核標準,是以一些重要指標(如生產效率、缺席率、員工流失率)爲根據,判斷員工一年的工作表現。它與工作標準法不同,因它的重點是工作結果,而不是一些工作過程的標準(如所需時間)。常用的直接指標包括顧客的申訴次數、產品的好壞比率、銷售量等等。

總括來說,員工績效評估方法有四大類,即相對標準法、絕對標準法、目標釐定法、和直接指標法。每類方法之下又有不同的方法,企業必須因著工作類別、生產技術、企業文化等因業,而決定採用某種方法。

第三節　評核的標準和資料

正如**圖 7-1** 所顯示,績效評估的內容和程序包括四部分,量度的內容和量度的方法在前文已分別討論。這裡,我們將討論評核的標準和評核資料的來源。

一、評核的標準(Appraisal Standard)

當量度的內容和量度的方法決定後,企業必須讓員工知道評核的標準,例如某企業是以員工的工作結果爲主要評核內容,又使用相對標準法中的強迫分佈法評核員工的表現,那麼企業必須事先讓員工清楚各類員工的分配比率是多少(例如表現最好的 10% 員工爲優秀員工、25% 爲良好員工等),並且將各類員工將得到的獎賞加以介紹。

不論企業使用甚麼量度內容和方法,評核標準都應該是事先訂下

的，而不是事後按情況而改變標準。評核標準的嚴與寬，則視乎企業對員工的工作期望而定，或參考產業的一般標準作決定。

二、評核資料的來源

絕大多數的企業都是以上司爲唯一的評核根據。理論上，每個員工每隔一段時間(通常一年或半年)，他的上司或他的上司的上司都會對他就過去一段時間的工作表現作出檢討。評核的根據很多時候是以個人的觀感和觀察而定。可是，員工的上司常常因工作時間和地點的關係，不一定對員工有足夠的認識，故只能根據僅有的資料，從某一角度對員工作出評核。評核的結果固然有時中肯和公平，但很多時候難免有片面的流弊。

有鑑於此，西方企業開始流行一種較爲全面的評核方法，評核者不只局限於員工的上司，而是推廣至員工的同僚、下屬、甚至顧客。這幾類人因平時的工作關係，往往對員工的工作態度、行爲和結果有不同的領會和觀察，所以藉著他們的參與，往往能對某員工作出更全面和公平的評核，不單是從上面的觀察，更是從左右、上下、內外不同的角度評核員工表現。

這個全面的評核方法也有其他的優點，就是員工與其上司的關係，從一個被評核的角度，變成一種互相評核的關係，因爲員工的上司也可能被員工（作爲一個下屬）評核，這樣的話，大家更能互相的溝通，而不是一個經常處在主動，另一個經常處在被動的地位。

這種多方面的評核方法，在使用於中國人的社會，必須注意兩點：第一，由於中國社會的階層分類十分受重視，所以員工的上司可能還是最終的評核者。只是藉著其他方面的資料，使他能更準確和客觀地評核員工。第二，下屬評核上司的方法在中國人社會可能比較困難。這二點均與中國傳統的階級觀念有關，與西方的觀念不同，中國人對上司經常

都是比較敬畏的，所以難以作出中肯的評核，但同僚和顧客，則仍是有用的評核資料。

<h1 style="text-align:center">第四節　小結</h1>

表 7-4 總括本章有關量度和評核部分的討論，而這些已討論的課題，乃是構成企業績效評估制度的基本骨幹。

表 7-4　企業績效評估制度的設計

一、量度的內容，可根據：

　　1.技術性準則

　　2.策略文化性準則

　　3.法令性準則

二、量度的方法，有以下的選擇：

　　1.相對標準法

　　　‧直接排列

　　　‧間隔排列

　　　‧配對比較

　　　‧強制分配法

　　2.絕對標準法

　　　‧特徵評核表

　　　‧行為定向評核表

　　　‧行為觀察評核表

　　3.目標釐定法

　　　‧目標管理法

　　　‧工作標準法

　　4.直接指標法

三、評核的標準，可以嚴謹或寬容，但需事先訂定

四、評核資料的來源，可以單方面（上司）或多方面收集

　　明顯地，企業在建立績效評估制度時，可能面對很多不同的選擇，那個是最適合的量度或評核方法，是一項重要課題。據研究顯示，沒有一個方法或選擇是最好的，因爲每個方法都各有優缺點，企業要視乎其文化和策略而定，企業最基本的考慮有四方面：

　　⑴績效評估制度的用途：評估制度的重點是在於員工的評核性(Evaluative)資料、還是發展性(Developmental)資料。每個量度方法或評核方法就兩方面用途都各有優劣（如直接排列法在評核性資料很有用，但其發展性功能則很弱）。

　　⑵經濟的考慮：每個方法在設計時所花費的人力物力各有不同（如直接排列法或直接指標法都比較經濟）。

　　⑶誤差的考慮：每個方法在使用時可產生的誤差程度各有不同（下章將較詳細討論評核評估制度常見的誤差）。

　　⑷人際間的考慮：每個方法對評核者與被評核者的關係有不同影響。例如有些方法是較有利於減低企業與員工間的衝突或不信任（如行爲定向評核表、行爲觀察評核表）。

　　在本章討論完績效評估制度的建立和設計後，下章將進一步討論如何有效地運用績效評估制度。

第八章
績效評估制度的運用

當企業決定了量度和評核的內容和方法，並從各員工搜集了各方面的評估資料後，企業便要考慮如何最有效地使用這些資料，使企業和員工都得到最大的益處。在這過程中，企業如何恰當地反饋訊息給員工，企業和員工如何有效地利用所得的訊息，以及企業如何減低及克服使用績效評估制度時的困難和誤差，都成為重要課題。這三個課題，在本章裡將分別討論和探討。

第一節　訊息反饋

當上司或其他有關人士對員工進行評估後，假若績效評估的目的包括改善員工的工作特徵、行為和結果，評估的結果必須讓員工知道。但有些企業作了評估後，卻不讓員工知道結果，只作為企業對員工的獎賞或其他決定，這種作法不能發揮績效評估的功能性和支援性作用，對員工來說，亦是一種不合理的作法。

無可否認，績效評估的反饋確是整個評估過程中非常困難的一環。很多時候，上司不知如何將評核的結果有效地讓員工知道，因為員工在反饋過程中，很容易產生自我防衛或反抗情緒，甚至會與上司爭辯，以致不但預期的目標不能達到，反而影響兩者的關係，把兩者之間長久以來的誤解或積壓情緒爆發出來。這與績效評估本身的困難有關，在本章

會加以討論，但這裡我們首先介紹四種常用的反饋方法，及它們可能達到的效果或後果。

1.告訴及銷售法(Tell and Sell Method)

此法的目的是讓員工知道上司對他們的工作評估，亦希望員工接受上司給他們所作的檢討和分析，從而根據上司所定的計畫加以改進。整個反饋的過程主要是由上司控制。此法背後的假設是上司所作的評估是公平和正確的，可是由於員工參與討論或澄清的機會較少，反饋的過程很容易導致以下的後果：⑴容易引起員工的自我防衛機能(Self-defense Mechanism)；⑵容易使溝通管道堵塞，減少真誠的溝通；⑶可能影響上司與員工的關係；⑷員工可能缺乏改進行為的主動性。

2.告訴及聆聽法(Tell and Listen Method)

此法採取兩線溝通方法，首先是上司反映他們對員工的評核結果，然後讓員工有機會對所作的評核作出回應（同意與否或其他感受等）。這樣的過程可促進雙方的溝通和認識，員工也不致容易產生自我防衛情緒，同時也有機會讓員工了解他們應改善的地方。但這種方法對上司的角色有幾個要求，首先他必須善於聆聽，能夠了解和反映員工不同的感受，並善於總結和分析。

3.解決問題法(Problem Solving Method)

此法的目的是透過員工的參與討論，讓員工發掘自己的問題，從而與上司一起尋求改善的方案。此法的假設是員工有自我認識的能力和有自我改進的動機。此外，這些能力和動機，是在一個開放彼此信任的環境下才能達到最佳效果。上司在這過程中所扮演的是一個輔導的角色，他不會提出任何評估，只是藉著一些問題，激發員工去反省問題所在，及如何解決這些工作上的問題。此法通常有以下結果：⑴員工的防衛機能減至最低點；⑵鼓勵一些有創新性的改進方法；⑶提高員工採取行動的激勵性。

4.混合法(Mixed Method)

一般是混合以上三種方法中的其中二個，例如開始時使用告訴及銷售法，讓員工了解上司的評核，然後轉成解決問題法，讓員工和上司一起發掘解決的方法。由於上述三種方法都有獨特的重點，當使用混合法時，如何能從一種方法轉成另一種方法，是需要特別的技巧和訓練。

第二節　績效評估訊息的種類

最後，從量度、評核和反饋的過程中，企業和員工將得到兩大類的資訊：(1)評估性的訊息：即過去一段時間的工作表現與預期目標的差距；(2)發展性的訊息：就是當了解實際工作與預期目標的差距後，員工與企業探討需改善的地方。評估性訊息和發展性訊息可根據企業和員工的立場，再分成四大類，**圖 8-1** 總結績效評估所產生的各類資料及其對企業和員工的使用。根據這些資料，企業和員工均能作出一些檢討、計畫、獎勵和改善的決定。

圖 8-1　績效評估對企業和員工的四類訊息

	企業	員工
評核性	・對員工的任免、升貶決定提供基礎 ・對員工的獎勵 ・對企業政策的檢討	・了解自己過去的工作表現
發展性	・了解企業現存的人力資源 ・了解企業未來人力發展需要 ・了解個別員工發展潛能	・了解自己的長、短處 ・了解自己需要改善之處

1.企業評核性資訊

　　為企業的一些人事作業提供基礎，例如員工的昇貶、任免、獎勵等決定，企業都能根據績效評估的結果而行。另外，透過績效評估，企業也可以對一些新的人事政策作出檢討，例如新的甄選方法或培訓方法，在實行一段時間後，企業往往需要檢討這些新政策，對員工的素質和工作表現所帶來的影響。

2.企業發展性的資訊

　　為企業人力資源規劃和候補規劃提供重要資料，透過員工績效評估，企業可首先了解現存的人力資源狀況，例如有那幾類的員工，他們的優劣及素質如何？他們是否擁有企業未來發展所需的技術、知識和能力等等。再與企業的長期規劃比較，便能釐定在未來一年、五年或十年，企業人力在那方面需要更多任聘和發展。近年來，隨著人事管理電腦化，這些工作比以前推行得更有效率。另外，績效評估亦幫助企業發掘有潛能的員工，讓他們在提昇前作好充分的準備。

3.員工評核性的資訊

　　給員工為自己過去的工作作出檢討和反省的機會，從而了解自己的工作是否達到企業的要求或個人的目標。

4.員工發展性的資訊

　　可讓員工了解自己的長短處和發展的方向，以便個人能更適當地規劃個人的永業發展方向，亦能幫助他們作出一些發展自己和改善自己的決定。

第三節　績效評估制度的檢討

　　當企業在設計和運用某個績效評估制度後，在一定的時間後，企業亦應就整個績效評估制度進行檢討，察看現行制度能否有效和準確地提

供員工和企業所需的訊息,那一個環節(量度、評核和反饋)需要改進等。換句話說,績效評估制度亦應對本身制度作出評估。

第四節 績效評估的內在矛盾和困難

一、內在矛盾

圖 8-1 已說明績效評估對企業和員工提供了評核性和發展性的資訊,因此,績效評估可說是多用途及多目標的人事管理作業。可是,在達到多目標和多用途的同時,績效評估對企業和個人來說,很多時候存著不可協調的利益和目標,我們稱它為績效評估的內在矛盾。圖 8-2 將這些矛盾加以說明:

圖 8-2　績效評估的內在矛盾

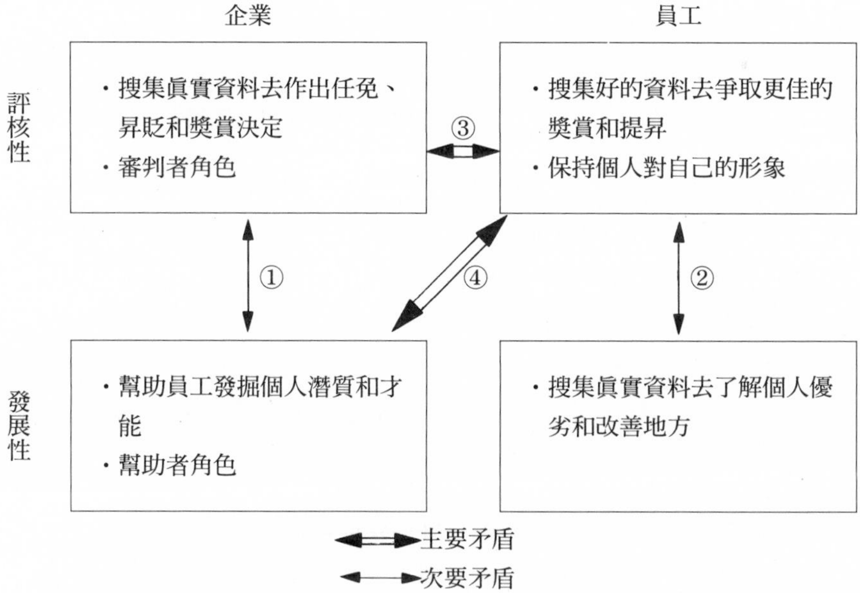

	企業	員工
評核性	·搜集真實資料去作出任免、昇貶和獎賞決定 ·審判者角色	·搜集好的資料去爭取更佳的獎賞和提昇 ·保持個人對自己的形象
發展性	·幫助員工發掘個人潛質和才能 ·幫助者角色	·搜集真實資料去了解個人優劣和改善地方

③ ① ④ ②

◀▭▶ 主要矛盾
◀──▶ 次要矛盾

1.企業角色的矛盾

在績效評估過程中，企業扮演著兩個不同角色，一方面企業對員工過去的表現作出評估，是扮演考核者的角色。在這角色中，上司通常是比較具批評性的，因為這牽涉到企業資源的分配和員工間公平的待遇。另一方面，企業亦嘗試幫助員工發展潛能，以致企業的生產和業績亦能受惠，這是扮演著幫助者的角色。在這角色上，上司需要支持和鼓勵員工。但當上司同時要扮演兩個不同的角色時，他們會常感到無所適從，顧此失彼。

2.員工內在的矛盾

對於訊息的反饋，員工亦存在著內部矛盾，一方面員工是希望盡量聽取一些有利自己的正面評語，以致能從企業得到更多獎賞及確定自己的個人形象。但這些正面評語卻是片面的，假若真的要改進自己的弱點和發展長處，員工必須聽到正面及反面的評語，但反面評語卻可能不利於自己的獎賞，所以員工常常要面對著怎樣同時開放自己和接受不同訊息的矛盾。

3.企業與員工間評核性的矛盾

企業在審核員工工作表現以供其他人事決定的基礎時，是務求資料的全面和真確。但當員工在提供或討論這方面資料時，為了取得最大利益，乃務求隱藏自己的弱點和強調自己的優點。因此，在資訊交流的過程中，兩者因著各自利益的關係，很容易造成彼此不信任及一些磨擦。

4.企業的發展性和員工的評核性矛盾

同樣地，當企業嘗試幫助員工改善自己的時候，是需要全面和真實的資料，但這些資料，因為員工考慮到獎賞的關係，常常是被隱瞞和歪曲的。

基於上述四種內部矛盾，績效評估在設計和運用時往往帶來一些不良的結果，以致預期的功用不能發揮。最普遍的不良結果有下列四種：

1.上司和員工在反饋交談，常出現含糊和模稜兩可情況

　　由於角色的衝突，當上司在同時扮演考核者和幫助者的時候，又當員工在考慮坦白或隱瞞自己的弱點時，在兩者心中皆存著一些顧慮，以致很難完全無拘地交談。加上上司和員工亦恐怕當自己真誠地反映自己意見時，可能引致對方不良的反應。種種的考慮，皆使上司和員工不能清楚地將訊息反饋給對方，以致評估的效果減低。

2.避免涉及敏感題目

　　另一個常見的困難，就是員工和上司在反饋交談中，經常避免一些敏感（但卻是重要）的問題，或只是淡淡的提及，以致失掉績效評估的原本功用，這個現象稱為失效的績效評估(Vanishing　Performance Appraisal)。假若企業要求上司一定要討論員工缺點或問題時，上司通常會使用三明治法(Sandwich　Approach)，就是在開始和結束時都稱讚員工的優點，只是在中間部分比較著實地討論員工的缺點和問題。

3.自衛機能反應

　　當上司要為自己所作的評核作出解釋時，又當員工要為自己的缺點和問題答辯時，一個容易出現的問題，就是大家都提高自己的自衛機能，以致不容易接受對方意見，或有甚者，就是彼此批評對方的不是，以致評估過程破壞上司和員工的關係。

4.對所提出的改進方法抗拒

　　由於自衛機能的反應，即使上司或員工在反饋過程中發現問題核心所在，員工也不一定對這些問題作出改善的決定。結果是知而不行。

二、實行的困難

　　績效評估制度，除了制度的內在矛盾外，在實行時也常遇到一些難阻，包括上司與員工間的關係和瞭解、員工工作性質、和企業情況等。

1.上司與員工間的關係和瞭解

由於績效評估通常是由上司執行，因此上司對員工的瞭解和關係，直接影響評估的結果和效用。但是，上司在進行員工評估時，常面對以下困難：(1)對員工的工作及表現沒有足夠了解；(2)對員工的評核標準不清楚和不一致；(3)對員工的評核，因受到個人背景、性格、價值觀、喜好等因素影響，難以中肯。因此，評估所得的資料和結果，常出現偏差和不公平的情況，以致員工對評核制度不滿和不信任。結果，很多上司都不願意對員工作出明確的評核，以免受到質疑，或認爲評估過程根本是浪費時間，而不願認眞執行。

此外，在評核過程中，上司往往有意或無意間，陷入一些評核誤差中。常犯的誤差有幾種：(1)暈光效果(Halo Effects)，就是上司在評核員工時，只根據某些工作表現作爲全面評核的根據；(2)近因誤差(Error of Recency Effect)，就是上司過分受到員工最近表現的影響，而評核員工全年度的工作表現；(3)集中趨向誤差(Error of Central Tendency)，就是上司把大多數的員工評爲中庸；(4)過分寬容或過分苛刻誤差(Error of Leniency or Error of Strictness)，就是上司把大多數員工過於高估或低估。這些都是評核過程中常見的誤差，而誤差的程度，則因上司受訓練與否（評核技巧）、上司對下屬工作期望和上司的性格而定。

上司與員工間另一困難就是溝通的問題。有時，上司對員工的要求，因未能清楚表達，以致員工不了解評核的標準。也有時員工明白上司的工作標準後，卻因要求過高而無法實現。這些都是上司與員工間彼此溝通不足所出現的困難。

2.工作性質

當員工的工作表現受制於外在因素時（包括機械運作速度、其他員工工作表現等），員工的績效評估便變得不太合理，因爲員工的工作產量和品質，都不是完全在其控制範圍之內。

3.企業情況

　　同樣，很多時候企業的情況也影響著績效評估合理的應用，如企業所提供的原料、器材、工作環境等是否充足和完善。此外，績效評估的施行，也偶爾受到工會的攔阻，因為一般工會都主張同工同酬制度，或以年資去決定薪酬，而反對以績效作為薪酬根據。

三、技術性困難

　　最後，績效評核表的設計，亦是績效評估制度的難題之一。從統計學角度來看，評核表必須是合乎信賴(Reliable)和信效(Valid)的原則，以確保評核結果的準確性。信賴度高的評核表，就是員工在不同時間下被審核，所得的結果都應是相同的。信效性高的評核表，就是所量度的項目與評核所希望得到的資料相符。在內容方面，評核表經常忽略了一些重要量度項目(Deficiency)或加進了一些無關的問題(Contamination)，這都使評核表的效用減低。

　　從以上的討論可以清楚看到，績效評估是人事管理中一個重要課題，也是一個難題，當它被正確使用時，對企業和員工都提供寶貴訊息，但當它不被正確使用時，往往對企業和員工帶來不良的後果（例如破壞上司和員工的關係）。基於績效評估本身的矛盾和困難，以及為避免不良後果，很多企業都是因循地進行績效評估，在一定的時間內，使用一些慣用的評估表，然後上司和員工會一會面，便算完成了績效評估的工作。因此，如何解決績效評估的矛盾和困難，以使企業更有效地推行績效評估，便是需要討論的課題。

第五節　績效評估的有效使用

由於績效評估的矛盾和困難，近年來很多研究都嘗試提出改善方法。總括來說，可分爲以下五點：

1.將評核性和發展性的功用分開

績效評估的基本矛盾就是評核性和發展性功能的衝突。例如，當員工聽到上司對他作出負面評估時，往往會帶來抗拒或自衛情緒，以致忽略了發展和改進自己的討論。另外，當上司對員工過去一段時間表現不滿時，亦很容易低估員工未來的潛能。所以當評核和發展的功能混在一起時，往往會顧此失彼。改善的方法就是將評核性的績效評估和發展性的績效評估分開，在兩個不同時間進行，使用不同的量度方法，以使兩個功能得到適當的運用和發揮。

此外，當評核性評估和發展性評估分開後，上司在反饋的過程中便可使用合適的方法幫助員工。例如，在評核性反饋時，告訴及銷售法或告訴及聆聽法都是合宜的。在發展性的反饋時，解決問題法或告訴及聆聽法則較合適。

2.改良績效評估的量度內容和方法

爲了減低員工的自衛機能和上司自辯的需要，績效評估表應衡量一些客觀及可觀察的行爲和事件，而避免衡量一些主觀和與員工個人特徵有關的資料。如此，員工和上司（在評估和反饋的過程中）都比較容易衡量和同意評估的結果。另外，衡量的內容應集中於一些員工可改善的地方。例如，當上司給員工的評核是他不夠聰明，這往往只帶來員工的反感，亦對員工的工作改進沒有實際幫助。

3.使用多方面的評核資料

績效評估的有效與否，很多時候亦決定於某上司與員工間的工作關

係、彼此信任程度、性格、社會背景等因素所影響。所以，有時由於種種因素，某上司對某員工可能存著偏見，以致評估結果不公平。因此，企業應使用多方面的評核資料，例如除了員工的直屬上司外，其他的上司也可作出評估。此外，同僚、顧客和下屬的評核資料，亦能使評核結果更全面、正確和公平。

4.評核者的訓練

　　一個好的評核者，是需要多方面的知識和技巧，例如如何減少評核時誤差，如暈輪效果、近因誤差、集中趨向誤差等等。另外，如何與員工會談和提供反饋資料，以致減低員工的防衛機能，幫助和鼓勵員工改善工作等等，都需要特別的訓練。所以，企業應提供每個評核者（上司或其他人）有關的訓練。

5.注意其他細節問題

　　有時一些細節都會影響績效評估的效果。例如績效評估反饋的會議，必須提早安排一個雙方合適的時間，找一個中性的地點（即非上司或員工的辦公室），預先了解討論的內容等等。另外，目前大多數企業，都是每年進行績效評估一次，這個作法不一定適用於每個企業，所以個別企業應因需要而變化。

第六節　小結

　　在上一章和本章裡，我們分別討論了績效評估制度的建立和設立。績效評估的支援性和功能性效用，亦綜合地描述。制度的內容、制度本身的矛盾、實行時的困難、改良和注意的方法等，亦先後討論。總括來說，績效評估若是敷衍地應用，並不困難，但企業若要有效地使用評估制度，卻像一門藝術一樣，需要不斷學習和改進。

　　從人力資源策略考慮，企業應按其競爭策略和企業文化的不同而變

更其績效評估的作法和內容。在作法方面，是否容許不同的員工（如上司、下屬、同僚、顧客）評估還是單單是上司評估？若是企業推行提高品質或創新性策略，員工多方面的參與可能比較配合企業策略和文化，若是企業採取價廉競爭策略，上司的評核可能便足夠了。評估內容亦應隨企業競爭策略改變。例如時間觀念方面，創新性策略應鼓勵員工把眼光放遠，因爲新產品的發明十分費時，而提高品質和價廉策略，員工視野可縮短，評核的時間可以三個月、半年或一年爲段落。此外，就評核的指標來說，創新策略應兼顧員工的行爲和成果，提高品質和價廉策略，則著眼員工的成果爲主。最後，評核的單位亦應因策略而異。創新性策略應以小組爲評核對象，因爲新產品的發明，通常是集體努力和合作的成果。價廉政策可以個人爲評核單位，提高品質策略則應兼顧個人和小組的貢獻。

第九章
員工招募

　　招募是企業面臨人力需求，透過不同媒介，以吸引那些有能力又有興趣的人前來應徵的活動。招募是中介性作業，介於人力資源規劃和遴選兩項人事作業之間，也是人力資源支援性和功能性作業的橋樑。招募更是人事功能作業的先頭作業，人力資源規劃確認內外在人才的需求，工作分析首先根據企業策略和文化確定一般企業員工的特徵和性格方向，然後再確定所需人才的資格條件和工作內容。有了這些支援性的背景作業，良好招募作業才有可能。

　　招募是企業與其可能成員的互動過程，一個企業不管是否有意塑造本身形象，在一般應徵者的心中，都有一個形象。這種形象就變成一項重要的考慮因素，其如此乃在招募的過程，企業與求職者雙方均無法充分了解對方，因此在相互挑選過程中就會趨於主觀的認定，企業的形象或文化與個人的志向興趣是否吻合，這與當初相互坦誠的程度有關。招募如同相親，雙方都會有意或無意地避重就輕，表現自己的長處而隱藏自己的缺點。一旦勞動契約成立，雙方均不得不以真面目相見，以致有工作不能勝任的情形，也有工作報酬和環境不盡合意的情形。其結果，不是產生不滿足的員工，就是產生不滿意的雇主，導致契約關係破裂，雙方均蒙受損失。

　　對一個求職者言，尤其是初入社會的年輕人，往往不知道如何取得所應徵企業的有關資料，對於企業的判斷也很缺乏，以致在考慮是否加

入某家企業時，其考慮的因素都是可看得見摸得著的，如待遇、上班地點、工廠或公司的佈置等。對於在企業中，自己未來的發展、同事的相處、工作的步調、企業的作法等只有模糊概念或憑空想像。其結果自然不易找到其真正希望獻身的企業。反過來看雇主，也有相類似的問題，其至多了解一個應徵者所具備的資格條件等具體資料，對其他個人的特性，也是一無所知。在這種情況下，雇主個人的好惡和企業的形象的確影響前來應徵人的心態。

第一節　招募過程

招募是一個過程，**圖 9-1** 說明了招募過程中各項相關性的活動，從需要的產生開始，經過規劃、找尋、羅致、到檢討完全是一般管理決策的運用，其目的乃在吸引足夠的有才華的人前來應徵。負責招募的人員必須清楚知道人才需要的數量和類別，了解在什麼地方用什麼方法可以找到這些人，並且認識何種誘因和報酬對何種類別的人才有吸引力，並具備分辨庸才與人才的能力。

圖 9-I　招募過程

·招募規劃·

招募規劃是依據人力資源規劃的結果，轉換成有系統的目標，進以確定接觸潛在人才的類別和數量。

1.接觸的數量

　　企業必須接觸許多潛在人才，接觸的數量自然要比準備雇用的人數要大。可接觸的人員，有不合格的，也有沒興趣的。每一次招募作業，就應考慮到底這個尋找人才的消息可達到多少人的手中。在這個階段，精確的數字自然不可得，但是產出比率(Yield Ratio)的觀念可以幫助推算所需要的接觸人數。產出比率是指在招募及遴選各個連續階段的比值。例如登報招人，有 500 人來信應徵，經過初步篩選，有 250 人合格，這個比率值就是 2 比 1。通知 250 人面談，結果來了 200 人，這個比率值是 5 比 4。面談後錄取 20 人，比值就變成 10 比 1。錄取人數中只有 4 人來報到，最後比值就是 5 比 1。

　　當然按照各個企業自身需要，人才的招募選擇過程不會複雜而頻繁。但是任何企業至少要經過一次選擇，如果企業希望的比值是 5 比 1，而這個職位要錄取 10 個人，那麼企業至少要吸引並接觸到 50 個人前來應徵。而比值的設定可由企業招募的經驗加以估計。當然人事遴選作業應有效率，比值便可降低。同樣地，比值愈大，招募成本也就愈高。

2.接觸人才的類別

　　一般言之，接觸的人才類別不同，自然就會有不同類型的人前來應徵。所以招募的形式就要考慮何種人是企業所需，需要的工作資格條件愈清楚，在選擇接觸的形式就愈容易，而實際前來應徵的人也比較具有相類似能力的。當然企業的大小，對其所需人才的規定是有差異的。大企業的工作分析比較仔細，工作劃分比較專精，所要人才自然要具備比較專業的技術水準。企業規模小，工作規範通常只是一般性的敍述，所要的人才也比較偏向通才。另外所需人才的技術層面高低和重要性，也會影響企業招募羅致人才的做法。當然所需要人才的重要性和職位高低也與招募成正比，在訂定人才資格條件就需多加注意。

第二節　招募策略

　　企業確定了所要的人才數量和種類後，就應考慮如何擬定策略的問題。招募策略即在求到那裡去找、如何去找、什麼時候開始找、以及如何向求職者推銷企業的誘因。

　　羅致人才的地域與招募成本有正面相關，地域涵蓋愈廣，成本也就相對提高。就求職者而言，因其所要找的工作性質，其所找尋的區域大小也就不同。技術和管理層面的工作者，其找尋的工作領域也就比一般文書、作業員要來得廣。除此以外，企業所在地的勞動市場也有關連，勞動市場愈緊，企業也就不得不擴大區域，羅致足夠的人才。

　　羅致人才究應如何進行，就要看人才的來源。若知人才來自何處，大致就可決定羅致的方法了。人才的主要來源有下列幾方面：

　　(1)直接申請者，這是指那些直接到企業的所在地或逕自寄履歷申請工作的人。直接求職者可以說不需要什麼招募成本的，這種求職者大都屬於中下階層的工作。

　　(2)企業員工的推薦，顧名思義，經由企業內員工的介紹，主動前來應徵的人均屬此類。這種方法比較迅速，成本也低，常為一般企業和求職者使用。但是推薦也有缺點，有時會造成企業內部的結黨或形成小團體，有時因介紹不成，給介紹人難堪，反而不美。不過在工作資訊不流通、不公開的社會，經由企業員工介紹的確不失為一個常用的方法。

　　(3)廣告也逐漸被企業運用，以找尋所需要的員工。事求人的廣告作法不一而足，在企業門前招貼事求人的海報是廣告，在報紙事求人專欄刊登工作機會自然也是廣告。廣告的運用需要專家參與提供意見，不然就可能沒有什麼效果。遺憾的是廣告的效果比較遲緩。

　　(4)教育訓練機構是找尋人才的好場所，不但人才集中，而且均有一

定水準，尤其是職業訓練中心更是如此。學校招募平均成本可因人數衆多而使得個人平均成本下降，所以這種方法比較適用多數的招募。其次，學校或職業教育培養學生基礎性的知識，使其等可以在較短期間內，達到所需要的工作水準，因此不太需要太高的養成費用或人力投資。正因如此，許多大企業往往在學生未結業前，即予以雇用，而有些則以建教合作方法，羅致所需要的員工。

(5)政府職業輔導機構本身雖不能創造工作機會，其主要功能在提供各種求學就業的資訊，使得求職者不必花費太多時間和精力，找到其滿意的工作。有時候，政府就業輔導機構也承擔一些簡單的過濾篩選或考試，爲企業做初選工作。尤有進者，這些機構也提供一些個人性向測驗和輔導，協助求職者選擇最適宜他自己的工作。

(6)私人職業介紹機構，這種介紹機構通常限於介紹較低層的工作機會。這種介紹是要收費的，有時由雇主，有時由求職者負擔，完全視雙方協議而定。由於政府輔導機構扮演重要角色，私人職業介紹並不普遍。私人介紹職業也易引起爭議，有些人認爲付錢找工作並不符合公共利益，因爲有錢的人反而比較有機會找到工作。有些人則認爲私人職業介紹之存在，乃是政府並不可能或不能善盡職業輔導之責，而有賴私人介紹彌補公立機構功能之不足。

(7)高階主管人才公司。許多企業都用內補制選拔企業內部的人晉升至高階主管的職位，但並不是任何職位都可有人遞補的。必要時不得不到外面找尋少有的主管或專業人才，而潛在的市場是那些已在其他企業擔任相當高職位的人。所以這種找尋又叫獵取人頭(Head Hunting)，也就是一個一個找而不是一群一群地捕捉。這些高階主管人才公司擁有名單，可以主動地與候選人接觸，做媒介的工作。由於要一個一個找，加上沒有太多人可資挑選，這種尋人服務也是相當昂貴的。

(8)職業團體也是一個重要的招募途徑，在許多職業協會的年會或會

員大會期間，協會就提供就業服務，做為企業和求職者的橋樑。平時，有些協會也有就業服務，讓會員了解該行業的勞動市場情況。

當選擇招募方法時，企業首先考慮是否會招來足夠的人才。其次就是要比較各種方法對未來人事作業和現象所產生的影響。透過相關資料，企業可以自行比較何種方法有較好的錄取率、較低的離職率、較高的滿足、或者較高的績效表現。

另一個考慮因素便是招募的時間性，招募作業應該有一個大略時間表，列示每個階段所應做的工作以及每個工作平均所需的過渡時間(Time Lapse Data)。因為工作之間具有連續性環結相扣，做完一段才能繼續下一段作業，所以加總所有的過渡時間，就表示招募作業開始到結束所需要的時間。過渡時間觀念和產出比率有密切關係。延用上面產出比率的例子，如登報招人可能要等上 1 個月才會有 500 人報名，初步篩選 250 人需時 7 天，通知這 250 人前來應試又需要 3 個星期，面試後錄取 20 人，通知其等報到又要等 4 個星期。綜合上面資料，即可畫成招募規劃表如**圖 9-2**。如人數發生變化或時間必須調整，我們即可依據此圖加以調整。例如報名人數有 1000 人，則篩選時間可能加倍變成兩個星期。

招募策略的另一個重點是企業的推銷工作。首先推銷的內容必須確實，不應有任何花招或誇大的說詞。真實工作介紹的做法就在使工作應徵者做一個正確的選擇，了解其選擇是什麼工作，如此可增進其工作滿足或減少工作不滿足，進而降低離職傾向。雖然這種見解並沒有得到完全認同，但一般企業相信，在複雜或高深的工作，需要詳細解說，誠實的說明是有助於日後工作意願的。推銷工作著重在工作待遇、工作性質和工作保障，因為這是大多數應徵者所考慮的重要因素。

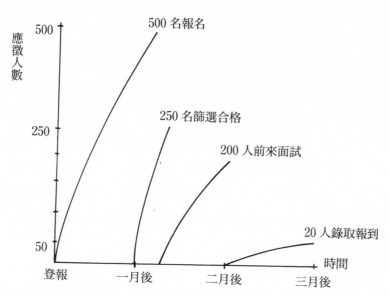

圖 9-2　招募規劃表

工作推銷管道和媒介的可信度也有助於招募工作的進行。遺憾的是，愈是廣泛性的媒介如報紙廣告，愈缺乏可靠性，而那些個別性的媒介如員工推薦反得信賴。研究顯示，雇主或員工的朋友是最常用的招募來源。同樣地，一個人若因招募廣告前往應徵而取得工作機會時，其往往不全然安心接受，是因爲其不會完全相信招募廣告及面談的一切內容的。當然我們也不能完全只考慮招募的媒介，招募的內容及信息也是非常重要的。雖然招募的媒介會影響招募信息的可信度，但是嚴格說起來，招募的信息還是最重要的一環。它代表了未來實際工作狀況和環境，這些工作條件與個人能力興趣的符合與否才是最重要的考慮因素。所以招募的媒介會影響一個人是否前往應徵，而一個人在眞正做決定是否接受工作時，仍須仰賴招募的信息。

第三節　招募工作和篩選

一旦招募的目的及策略確定後，招募的工作就可以展開。首先要設定潛在求職者，並發展招募的方法與之配合。關於認定潛在的求職者來源，我們必須對外在勞動市場有一概況了解，並對所需人才類別、教育經驗水準和地區加以區隔化，再就每一類別人才的招募前置時間準備工作加以考慮，接著便選定何種區隔類別的招募方法，因為不同區隔都有比較適合的方法，而不是每個方法都適用所有的區隔。有了方向目標，最後進行準備工作，如企業的簡介、廣告的設計、公共關係的展開、面談和考試的安排等。

真正的招募工作是企業確定有人才的需要或有職位出缺時，對外招募的工作才展開。有了良好的策略及準備工作，招募的消息一發佈，求職應徵者的素質和數量就是招募前段工作好壞的印證。但這只是開始，一連串的招募行政作業必須先加以規劃處理。應徵者來信或履歷必須加以篩選，通過初選者，自然要進一步面談和考試。而內部面談人選也必須選定安排，不合格的應徵者也要禮貌地回絕。接著對於初選合格者，其等各項資料、證明文件的索取。同時，如果應徵人數過多或過少，企業也應有準備停止或擴大其招募活動，這一切過程都需要記錄。有了紀錄，負責人員可以隨時向主管人員報告招募狀況，企業也可對應徵者的詢問予以有效答覆。由於在招募過程，有不同階段，每個階段間會產生時差，時差的長短也應加以考慮，以免有些有才華的應徵者，因作業的延遲，而另行他就或喪失對企業的興趣，這些時間差距在前面招募規劃中可以加以調整。

在這些招募過程工作中，值得再提的是初選。一般說來，初選可視為招募工作的一部分。當然也有些人認為初選是企業遴選工作的一部

分。從整體人事管理角度來看，招募是甄選的前奏，初選可視爲招募或甄選的一部分。重要的是了解初選的目的。初選在對於不合格的應徵者予以剔除，或對過多應徵者挑選出值得做進一步遴選的過程。如此不但可以減少日後招募及甄選作業的時間和成本，也可以增加日後甄選的信賴度。所以初選工作不能不小心，不然就有可能將良好的應徵者予以剔除。要做好這一點，健全的工作描述及說明是非常重要的。有了完整的工作說明，了解所需工作內容及資格條件，初選才可以按照所列的最低資格條件予以篩選。在篩選的過程中，不但需要有訓練有資格的人加以處理，初選的方法也因招募來源和方法的不同而有少許差異。企業對一般應徵者或到企業工廠來的求職者，採用申請表(Application Blank)加以篩選。而對技術層面較高的工作應徵者或公私立職業輔導機構，就會用面談或者是履歷表的方式加以篩選。有些企業爲求進一步處理，也會對求職者的介紹人或資歷加以證實。

任何人事作業都需要加以評估控制，作業才算完全，我們可以從三方面看招募工作。第一是量的問題，很明顯招募作業使企業得以羅致所需之人才，使每個出缺的職位都能及時有人接班負責。這種狀況當然最理想。不過做到事事有人做，良好的招募工作只是必要條件，並不是充分條件。換句話說，招募工作需要和其他人事作業配合才行。所以比較客觀的評估數據是每次招募作業時，應徵者與職位空缺的比率。這個比率愈大愈好，它表示企業可以在較多的應徵者中挑選合格而滿意的人選。其次是質的問題，求職者的素質及入選者未來的工作表現也是招募作業所關切的。在短期內，企業可以對應徵者的平均水準及資格條件有個梗概了解，也可以就錄取與未被錄取的資格條件做一比較，以便認識企業錄取成員的眞正素質。長期來看，企業就所錄取人員的去留和工作表現加以追蹤記錄，以便了解何等資格條件的人選有較好的留職紀錄和工作表現。如此也可做爲日後招募工作的參考，這也就達到招募工作評

估的積極意義。第三是招募工作的效率,關於這點我們可從幾方面略加討論,在前面量的問題上,已有應徵者與空缺數的比率做為初步的效率指標。此外企業的招募作業是否與預期的需要相配合,是否按照預定的進度進行,在每個階段的產出率是否合宜,也就是在每個階段可選人數與職位空缺數的比值。更重要的是整個招募作業的成本是否有效加以控制。一般企業均採雇用的平均成本做為標準,也就是每雇一個人的平均費用。當然職位愈高,招募成本也就愈高。這個平均成本需要和整個產業的平均水準比較,做為招募工作評估的依據。

第四節　小結

　　招募是一項過程,在這個過程中,主要目的在吸引有才華的人前來應徵。本章介紹了招募的過程以及可以採用的方法,並且更進一步探討招募工作應遵守的基本原則。其中值得再提的是招募策略、人力策略和企業文化的配合。人力資源策略是企業競爭策略的一部分,為求人力策略的貫徹,招募策略的執行是第一步,成功的招募有事半功倍的效果,在日後甄選、訓練發展、薪給報酬制度和員工流動上都有莫大的幫助。這些的幫助是因為人力資源作業的一致和連貫性,先頭作業的成功有帶動的效果,另一個原因是這些作業都在反映企業文化,與企業文化理念配合的作業才會成功。

　　就企業人力資源策略的角度看,為求投資創新需要新血加入,招募來源必須內在和外在勞動市場並重。同時為求員工和工作搭配,員工的興趣嗜好也應予考慮,所以要招選到理想的人選,勢必花一番功夫,招募所需時間就比較長久。企業若採取提高品質策略,鼓勵員工參與,員工一方面必須了解企業內部作業,一方面也要熟悉其他員工,決策參與才能奏效,品質才能逐日改進。所以企業的招募多採公開內補方式,從

現有的員工加以補選，當然這種招募方式是不需要什麼時間的。企業若
採降低成本吸引員工策略，因新進員工成本低，企業則當求外在勞動市
場的供給。由於招募過程不需考慮應徵者的個人興趣，所需招募時間就
比投資創新來得短些。**表 9-1** 就在表示不同策略模式和員工招募作業的
關係。

表 9-1　策略、理念和員工招募

員工招募	策略模式		
	投資創新	提高品質參與決策	降低成本吸引員工
招募來源	內外在市場	內在市場	外在市場
招募所需時間	長	短	中等

第十章
人才甄選的制度

　　甄選是對前往企業應徵的人，透過各種測驗的方式，挑選出合於企業需要的人，也就是合於出缺職位所需資格條件的人，以達到適才適所的地步。廣義的甄選通常包括對內及對外的遴選，由於對內遴選只限於企業的同仁，在許多條件和狀況上是與對外遴選不同，但其基本觀念和原則是一致的，也就是希望在有限的人選中，找到最適合的，同時也是以最公平、最經濟的方式達到遴選的目的。

　　在民主社會中，人才選拔的過程講求公平，企業的人才選拔又要考慮到成本效益。整個人事作業也都應考慮這項因素，其實也惟有良好的甄選能力及過程才能滿足公平和效益的要求。

　　在沒有進行甄選之前，有一項遴選的決策是每個企業都需要做的，不管這項決定是否有意的或無意的、有計畫的或隨意的，即就是當企業需要用人時，這些未來員工到底要不要經過遴選，尤其是正式的有計畫的遴選，還是不做任何安排，只要有職位出缺，有用人的需要，隨主管人員的高興或心意，找個人來做就可以。當然大多數企業的甄選作業都介於這兩者之間，有些是比較有規劃的作業，有些只是一些簡單的安排。不管是刻意規劃或是簡單的安排，企業負責人應該經過甄選決策的考慮，看看企業到底需要什麼樣的甄選作業。

　　這項決策過程應該從工作分析和工作規範做起。如果沒有書面的工作說明，至少企業的負責人或單位主管知道這項出缺工作的內容是什

麼，一旦知道工作的內容，接著而來的是看看這項工作應該有什麼工作水準和表現，然後根據這些工作表現來推斷工作本身的價值，進而推定這項工作出缺時，值不值得花相當的招募和甄選費用，選出企業所需要的人。如果不幸答案是否定的，那表示企業對這類工作的應徵者，可以做很簡單的安排挑選。假使這項工作相當重要，值得公司設計一套甄選方式，那麼下一步就是甄選研究，找尋各種測驗的組合，以選拔適當的人才為企業所用。在這個決策中，企業要考慮的成本當然是增加甄選作業所花費的人力物力，在計算上是比較容易認定的。而效益的衡量可從兩方面著手，一方面是工作效率的增加，也就是在採用甄選作業後所錄取的員工與不採用甄選作業所錄取的員工在工作績效上的差異。另一方面是在甄選過程中，因錯誤的選擇，選用了不當人員所造成的損失。當然任何一種甄選作業都會發生這種錯誤，也就是選上不該錄用的人。一般來說，愈好的甄選作業，這種錯誤通常較小，所造成的用人不當的損失也就相對減少。

當然企業決定採用某種甄選制度是基於前述成本效益的大概分析而得的結果。有時候企業採用甄選制度也可能是因為法律或政府規定的要求。有時候卻也基於企業所在地或所屬產業的習慣。不管如何，企業有了這種甄選作業，是需要加以事後評估的，以確定事先成本效益的預估是否正確，或是本身作業是否合乎政府的規定。

第一節　甄選的模式

甄選的作業並不完全始於職位出缺，而是每個新的工作發生或建立，就必須考慮到甄選、訓練等人事作業。從人事管理的角度看，甄選是基於工作的產生和需要，而不是人的就業考慮。當然在特殊狀況，企業也可能因人設事，但這不是一般企業經營的的正常現象，應該極力避免。

　　一般說來，甄選始於工作的發生，而一個工作變成真正一項整體性的工作職位，是基於產品或服務的需要，也就是為提供服務或產品所必要的工作。這些工作都是經過分析、考慮而來，要真正了解一項工作的內涵，卻是需要經過工作分析。工作分析即在對工作內容做一系統的整理，了解工作每一項細目。根據這個了解，下一步驟應該做的是認定各個工作項目或整體工作的衡量標準，這項工作就叫工作衡量(Job Measurement)。有了工作衡量所產生的一些標準和尺度，對各項工作項目的內涵便有進一步的了解。同時，依據這個標準和尺度，推算要達到這個標準，工作人員應具備何種資格條件，再由這個資格條件的要求，著眼於個人資格及能力的衡量。這些推理過程用之於甄選，也用於一般考選方式。認定個人能力，在考選過程所得到的只是一個標幟，並不意味這個人就絕對具有這項工作能力。這只是一項假設。有了這個經過衡量有能力的人，企業便認定其具有從事該工作的能力，也就能將工作做好。但其是否真正會有良好工作表現，卻是另一個問題。因為真正工作績效表現需要日後績效衡量評估才知道。這是一連串信效度的連接關係。在工作績效評估章節中已加以討論。所以工作甄選即在透過一些遴選方式，挑選出最有可能將工作做好的個人，但這並不意味所挑選出來的人就一定會有良好工作表現。其中有信效度的問題，當然工作甄選愈有信效度，所選出的個人就愈有可能將工作做好。以上所述可以**圖 10-1** 表示。

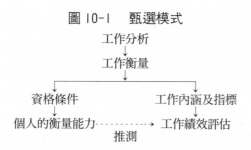

圖 10-1　甄選模式

第二節　甄選的特性

甄選既然是從應徵者的某些特性來認定其是否具備工作能力和知識，進而認定其是否能將工作做好，它本身就有假設和推測成分在內。企業當然希望其一切作業都有高度的確定性，以便發揮經營管理績效。事實上企業經營都有風險，在甄選人才上一樣地有其不確定性。良好的甄選就在使確定性提高，或者將不確定性所造成的影響減低到最小的程度。所以甄選中兩項主要工作就是預測指標的選定和其信效度的建立，以及甄選決策的做成。

一、工作預測指標的選定

一個有效預測指標就是對應徵者的評定，可以預測其未來在工作上的表現。到底一個預測指標是否有效，就需要科學的方式加以認定，這個認定過程就叫效度認定(Validation)，一個預測指標在其效度尚未認定前是不宜拿來做為甄選之用的。

預測指標的效度通常可分兩類，一類屬於經驗性(Empirical)，一類屬於合理性(Rational)。經驗效度是比較嚴格而且複雜的，而理性效度是比較簡單而且帶有判斷性。由於經驗效度要求嚴格，在現實環境中不易得到，即使可得，其成本也很高，所以有時不得不採用理性效度。經驗效度有兩種，一為預測效度(Prediction Validity)，一為同時效度(Concurrent Validity)。理性效度也有兩種，一為內容效度(Content Validity)，一為概念效度(Construct Validity)。

二、經驗效度

　　圖 10-2 列出了經驗效度的檢定內容及過程，現就每一階段部分加以說明。

　　　　　　圖 I0-2　　經驗效度認定過程

工作分析	（確定工作標準及能力要求）
評估標準	（認定員工工作績效標準）
預測指標	（認定甄選技術及指標）
評估標準預測指標分數之實際衡量	（效度種類選擇）
指標與標準之關係	（統計推定）

1.工作分析

　　主要是用來認定員工應有的績效水準，同時也提供應有的能力資格條件和激勵程度，以求達到所認定的績效水準。換句話說，工作分析告訴我們一項工作應產生的結果，這些結果就是工作各項目的水準。例如一個推銷人員除了對所從事行業的了解外，也應具備良好的性格、不怕失敗的勇氣、說話的技巧，才能成為一個成功的推銷員。由於激勵因素的考慮，工作滿足、服務年資、出勤率等也一併被廣泛列入成功推銷員的內涵。當然一般性的標準，如推銷業績、地區佔有率、顧客的滿意程度等，應優先考慮做為工作績效的標準。

2.評估標準(Criterion Measures)

　　既然工作分析已認定工作中各個項目的工作績效，下面就是這些項目及標準的衡量。當然標準的數量化會使標準易於衡量而客觀，如前述推銷員的業績。其他比較屬於質的標準及因素，各個企業都有績效評估

制度,對這些標準加以衡量。最重要的是這些標準,不論是數量化或非數量化,都應反映工作的內涵及項目。

3.預測指標

基於工作績效標準的確立,我們可以推斷何種資格條件的人才足以擔當這項工作,有了這個概念,便進一步取得衡量這些資格條件的指標。衡量的方法不外用考試、面談、申請表、推薦、及經驗調查等。這些衡量方法主要針對不同的資格條件。同樣地,其他有關的工作績效項目或結果也可用來找出預測指標。例如服務期限是工作中相當重要的一項,企業希望員工一旦加入,都能以廠爲家,長期留在企業內盡心盡力,那麼就應找出一些指標,以確定何人較爲可能留在企業繼續服務。

4.評估標準和預測指標的衡量

爲了要進行效度檢定,評估標準和預測指標都需要加以衡量,取得一定分數加以比較檢定,檢定效度的方法有兩種:

(1)同時效度檢定(Concurrent Validation) **圖 10-3** 顯示同時效度檢定的做法。評估標準和預測指標均同時從現有員工的資料和工作上取得。這種做法不但方便而且可以迅速做好,但是這種方法有它的先天缺點。第一個問題是預測指標是一項測試,現有員工可能並不像一般應徵者努力以赴,所以在預測指標的衡量上就可能有偏差。第二個問題是現有的員工並不能代表以後前來的應徵者。這兩個群體很可能在教育水準、年齡、個人性向上有相當出入。所以即使現有員工的衡量結果很可信賴,它並不見得就適於衡量未來的應徵者。第三個問題是現有員工是一群比較沒有差異的團體,優秀的可能已經晉升到更高職位,很差的也許在甄試當初就沒有錄取,或者錄取後因表現太差而被解雇,這種團體也就比較缺乏代表性。最後一個問題是現有員工的考試成績,也就是預測指標的分數,會因各人工作經驗而有所差異,同時經驗也往往被視爲工作績效的表現。結果預測指標,也就是員工的測驗成績反過來受到所

要預測的工作績效和經驗的影響，在次序因果關係自然不是非常恰當。

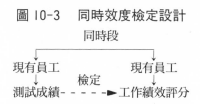

圖 10-3　同時效度檢定設計

(2)預測效度(Predictive Validation)　**圖 10-4** 表示預測效度檢定過程，預測指標的分數是從應徵者取得，而不是從現有員工加以測得。然後企業採用其他選拔標準錄取應徵者，注意這裡的錄取方式是採用其他標準，而不是目前要檢定的預測指標。當然這兩類指標也可能有些相似。例如遴選機器修護技術員，我們可以教育程度和工作經驗為遴選標準，凡是高級職業學校機工科的人或者從事機器修護有三年以上經驗者皆可應徵。而對前來應徵的人予以機械測驗，這個機械考試做為預測指標。而應徵者錄取與否全在其教育程度和工作經驗，我們如此做，乃在企業無法錄取所有的應徵者，而不得不採取一個甄選方法，尤其是在沒有找到一個比較可信賴的甄選標準前，暫時運用。

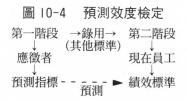

圖 10-4　預測效度檢定

一旦應徵者被錄取，過一段時間，這些人就有工作成績表現。至於要等多久，就視狀況而定。一般來說，最好讓這些錄取人員有足夠的時間學習工作上的程序和做法，再予以工作績效評估。這種利用不同群體，

在不同時段取得預測指標和評估標準，要比同時效度檢定精確，但是它顯然是比較費時費事。

5. 預測指標和績效標準的關係

有了預測指標和績效標準的分數後，接下來的就是檢定兩者間的關係。在這裡，有兩個主要部分要加以討論，那就是關係的強度和統計上顯著程度。

(1)關係的強度(Strength of Relationship)　預測指標和評估標準的關係，可以簡單用坐標圖(Scatter Diagram)加以表示。**圖 10-5** 表示三種不同的強度關係，每個圖的星號(×)表示每一個樣本的預測指標和評估標準的分數。在甲圖中，預測指標和評估標準之間並無任何關係。在乙圖中，其間雖有關係，但並不是很密切。在丙圖中，我們可以看見預測指標和評估標準的關係相

圖 10-5　相關係數圖例

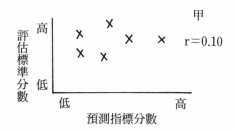

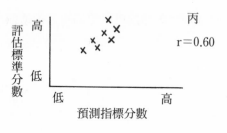

當顯著。當預測指標的分數增加時，評估標準的分數也相對增加，只要關係愈密切愈顯著，預測指標的信效度也就愈高。

另一種方式表示兩者間的關係是相關係數(Correlation Coefficient)。這種相關係數用在信度檢定上，就稱為信度係數(Validity Coefficient)。通常以 r 爲符號表示,相關係數的值是在正壹和負壹之間(±1)。r 的值愈大,兩者間的關係就愈密切,當 r 值是負的,就表示兩者的關係是負相關。如**圖 10-5**,甲圖的 r 值很小,只有零點壹(0.1),乙圖的 r 值爲零點參(0.3),而丙圖最高,r 值爲零點陸(0.6)。

　　(2)統計上顯著水準關係的密切並不代表預測指標和評估標準之間有其必然的結果。統計上的顯著水準即在探討決定這種密切的關係是否是巧合還是事實如此。統計上的顯著即表示,這個關係是很有可能存在的。一般來說,一種關係的發生,只有小於 5%的情形是歸於巧合時,才算得上具有統計上的顯著性,才表示這種關係是很有可能存在的。也只有在這種情形下,預測指標才可以用來做爲預測員工績效標準的。再按前面例子,假設應徵者的機械測驗成績與日後其工作成績分數有高度相關,而且這個相關的發生只有 3%可以歸於巧合,我們就可以用這個機械測驗做爲眞正選拔應徵者的工具。

三、理性效度(Rational Validity)

　　理性效度,顧名思義是基於理性的判斷,認爲某一種預測指標可能與績效標準有高度相關。由於環境所限,企業可能無法採行經驗效度的檢定,而不得不採理性效度。理性效度與經驗效度的最大差異乃在理性效度本身並無評估標準的衡量,而只是相信所採的預測指標有其信效度。

　　理性效度包括內容效度和概念效度。所謂內容效度是指一項甄選方式的確衡量出從事一項工作的技術和能力。而概念效度只是內容效度的延長。在概念效度中,一項甄選方式不是衡量具體、確切的技術和能力,而是衡量工作上應具備的一些心理特性,如性向、創造力等。但兩者的基本假定是一樣的,那就是凡具備這些技術能力或者是心理特性的員

工，在某一項工作上，比較可能有良好的工作表現。這兩種效度也都沒有眞正衡量具備這些條件的員工是否眞正有良好的工作表現，這是和經驗效度最大的差異所在。

理性效度的檢定過程通常只有兩步驟：

1.工作預測指標的選定

工作預測指標的選定從工作分析開始。透過工作分析和企業策略和文化的配合要求，首先確定良好的工作績效到底包括那些項目，進而找出與這些高績效項目有密切關連的能力、動機或心理特性。在確定高績效項目的過程中，工作項目的內容也可大致確定。而在找尋與高績效項目有關的能力和條件時，就在確定這些有關的能力或條件爲工作預測指標。由於理性效度沒有績效標準的衡量，高績效項目和能力之間的關係界定就必須謹愼。如果界定錯誤，企業一方面無法用錯誤的指標選拔有良好績效的員工，另一方面企業也因沒有績效標準的衡量，無法知道在選拔過程中所犯的錯誤。

2.預測指標的衡量

當工作預測指標選定後，我們也確定何種能力、技術或心理特性是工作的必備資格條件。下一步驟就是找尋這些資格條件的衡量方式，並確定這個衡量方式有預測特定資格條件的效度。如果企業已有現成的衡量方式（通常是考試），本身已具備良好的效度，自然可以加以應用。另一種情形是，企業有類似的衡量方式，則需要專家針對所選定的資格條件，對衡量方式逐項加以分析，確定每項所衡量的內涵與所要衡量的資格條件一致。只有多數專家均同意的衡量項目才被列入成爲新的衡量方法。當然，企業若無衡量方法可資運用，就要按照理性效度的檢定步驟，由專家選定預測指標，及其衡量方法，並透過各種檢定方式（如得爾法）以確定所選定的預測指標和衡量方法具有適當信效度。

理性效度的適用狀況有二：第一是當樣本數過小時而無法採用經驗

效度的檢定方法，至於多少才算足夠，各家說法不一，目前尚無定論。
不過同一工作如沒有 30 人以上，是難以採用經驗效度檢定的。事實上，
企業中許多工作都不可能有 30 人從事該項工作的。換句話說，許多企業
都沒有這樣的規模。第二是企業目前尚無績效標準及衡量，其如此乃在
許多工作的績效是不易衡量的。有些時候，即使可以衡量，但企業也認
爲不值得發展一套標準加以評估。其結果，企業自然要靠理性效度，相
信某一預測指標具有預測個人未來工作績效的作用。**圖 10-6** 表示理性效
度檢定過程。比較**圖 10-2**，我們了解到，理性效度做法只是經驗效度檢
定的一部分。

圖 10-6　理性效度

工作分析（確認員工效率及其資格條件）

↓

預測指標（認定甄選技術）

第三節　甄選決策

　　預測指標信效度檢定完後，企業面臨兩項決定，第一就是決定是否
採用這個預測指標做爲甄選的工具，其被採用與否，不僅這個指標要有
信效度，達到公正的地步，也要考慮到成本效益的衡量問題。第二是，
如果企業認爲這項預測指標有用，企業便需建立雇用水準和要求，也就
是建立預測指標的標準以便對應徵者做一取捨。

一、預測指標的有用性

一個預測指標的有用性是指採用這個指標所能提高員工效率的程度。現舉例說明，假使目前一項工作中有 60%是有效率的、合格的。今採用這項預測指標，其有用性就在使當前合格員工的比率超過原先的60%，增加愈多，則表示這項指標愈有用。另外一面是使用這項指標所增加的成本，不管是發展、使用、及維持員工紀錄等都算是成本的增加。企業在決定採用這項預測指標前，就必須衡量效益和成本。有三項主要因素會影響這個成本效益的比率，它們是效度係數、甄選比率(Selection Ratio)和基本比率(Base Rate)。

1.效度係數

前面已經介紹過，效度係數就是預測指標和評估標準的相關係數。信效度愈高，預測指標的預測結果也愈正確，所選的員工也愈能在工作崗位上有好的表現。

2.甄選比率

甄選比率是雇用人數和所有應徵人數的比值，這個數字可從 0 到 1。當比值是 0 時，則表示所有應徵者沒有一個被錄取；當比值為 1 時，則表示每個應徵者都被企業錄取。假使預測指標是有效的，甄選比率愈低，這個指標也就愈能發揮甄選預測的功用，企業也能愈加精挑細選，所選出來的，也就愈有可能在工作上有良好表現。

3.基本比率

所謂基本比率就是目前有效率員工在整體員工中所佔的比率，它也可以從 0 到 1。假使因為企業在訓練上很成功，使得大部分員工都能勝任愉快，90%的員工都是有效率的，在這種情形下，一個預測指標就很難提高原有的比率，相形之下，也就不易發揮預測的功效。反過來說，如果基

本比率值偏低，就表示企業在甄選上尚有餘地加以改進，透過有效的預測指標和低甄選比率，就易選出良好的員工，在工作上有滿意的績效。

從上面討論，我們會認爲效度係數、甄選比率、和基本比率皆個別影響一個預測指標的有效性。其實不然，這三項指標是相互影響，共同決定一個預測指標的有效程度。**表 10-1** 即在表示這三個因素在不同情況下，所產生的滿意員工的比率。首先看甲例，當前的基本比率是 30%，在三種不同效度係數和甄選比率的搭配，其結果顯示出各種不同滿意員工的比例。例如在效度係數 0.2 和甄選比率 0.1 時，43%的錄取員工，會有滿意的工作績效水準，這代表 13%的增加。從此例，我們看出當甄選比率上升時，錄取有效員工的比率也逐漸下降，這也表示這個預測指標的效用也在下降。現從另外一個角度看，假使甄選比率不變，當效度係數增加時，則錄取有效員工的比率也相對增加，當然這就表示每個預測指標的效用增加。

乙例和丙例是用相同的效度係數和甄選比例，比較不同的基本比率。即從 30%增加到 50%和 80%。現在讓我們比較一下在甲、乙、丙三個例子中實際錄取有效員工的比例，在同樣的效度係數和甄選比率下，因爲基本比例的增加，預測指標的效用也就因爲這三個因素搭配不一而有所不同。試以效度係數 0.2 和甄選比率 0.1 爲例，當基本比率爲 30%時，預測指標可以達到 43%的效果，增加 13%的效用。當基本比率爲 50%時，預測指標可以達到 64%的效果，反而增加 14%的效用。但當基本比率上升到 80%時，預測指標可以達到 89%的效果，僅增加 9%的效用。這正說明了這三個因素的交互影響，一個預測指標變動便有不同的效用。

表 10-1　基本比率、甄選比率和效度係數的關係

甲、基本比率＝30%

效度係數	甄選比率		
(r)	0.1	0.4	0.7
0.2	43%	37%	33%
0.4	58	44	37
0.6	74	52	40

乙、基本比率＝50%

效度係數	甄選比率		
(r)	0.1	0.4	0.7
0.2	64%	58%	54%
0.4	78	66	58
0.6	90	75	62

丙、基本比率＝80%

效度係數	甄選比率		
(r)	0.1	0.4	0.7
0.2	89%	85%	83%
0.4	95	90	86
0.6	99	95	90

二、建立雇用標準

　　確定預測指標的有用性後，企業便同時決定錄取標準，也就是最低錄取標準(Cut Off or Cut Score)。例如工作經驗是一項預測指標，那

麼企業便需設定至少六個月或一年的工作經驗成為最低錄取標準。在未決定這個最低錄取標準前，有幾項觀念需加說明。

1.甄選錯誤(Selection error)

　　圖 10-7 顯示預測指標和評估標準間的關係，A 和 B 兩線將此圖畫成四個象限，甲乙丙丁。橫的 A 線代表一個人是否得以勝任，在 A 線以上的是稱職的，在 A 線以下的代表不稱職的；B 線代表最低錄取標準，應徵者的分數若在 B 線右邊則被錄取，反之則被淘汰。

圖 10-7　正確及錯誤甄選

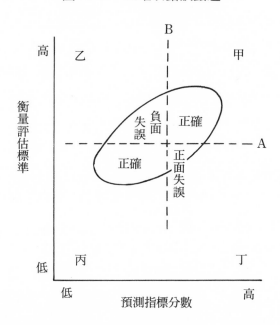

　　甲象限所代表的群體是既被錄取而又稱職的，而丙象限所代表則剛剛相反，即是被淘汰而不稱職的。但是象限乙和丁卻表示了在甄選上的錯誤。在乙象限中所代表的是沒有被錄取的，但是這些人如果被錄取，將是稱職的一群，這種情形稱為錯誤的淘汰(Erroneous Rejection)，屬

於負面的錯誤，意思是指這些人仍是人才，但未被企業所延用，是機會成本的損失。丁象限所代表的群體是指那些被錄取但不稱職的，這就是錯誤的錄取(Erroneous Acceptances)，稱為正面的錯誤，其意思乃在這些人並不稱職，工作績效無法達成標準，直接造成企業的損失。

正面和負面的甄選錯誤之間有潛在的互斥性。我們可以提高錄取標準而降低正面的甄選錯誤，但是提高錄取標準顯然會增加企業負面的錯誤甄選，造成消極上的損失。相反地，降低錄取標準會減少負面的甄選錯誤，但卻會增加正面的甄選錯誤，造成積極的損失。所以設定錄取標準就必須衡量這兩者的輕重和得失，進而降低整個甄選成本。

2.雇用標準和成本極小化

從招募、甄選到安置新進員工，都需要花費一些成本，有的成本和費用直接因作業的進行而發生，有些成本則是潛在的，如產品品質的下降或甄選錯誤所造成積極或消極的損失。甄選錯誤所造成積極的成本可能是文書工作的增加、生產力的下降、機械的損壞、員工的離職等；而消極的成本則是失去企業的競爭性，額外地錄取一些潛在不合格的員工。

這些實際成本的發生會因錄取標準的不同而有高低。一般說來，當錄取標準提高時，招募、甄選和消極甄選錯誤的成本也相對提高，但是訓練成本和積極甄選錯誤的損失卻相對降低。所以選定一個錄取標準當以實際成本和潛在成本的最小總和為目標。圖 10-8 則表示總成本和錄取標準的關係，當錄取標準逐漸提高，總成本會逐斷下降，但一旦達到×點，總成本又逐漸增加，這就在表示×點是最佳點，也是整個成本的最低點。錄取標準和總成本的關係雖然如此，但因狀況不同，企業應選擇找尋自己的最低點。

圖10-8　　錄取標準及總成本之關係

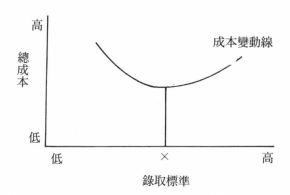

三、甄選的潛在限制

　　從外在勞動市場招募和甄選本在確定雇用那些合於資格條件的人才。但要達到這個目的，除了應用前述章節的原則外，在實際運用上仍有其限制，企業應特別注意。

1.效度的特定性

　　一項工作的預測指標的效度雖高，但只能適用那特定的工作，這就是效度特定性的問題。換另一角度就是信效度通則化的問題，如果一個預測指標已經通過信效度檢定，其他相類似的工作需要招募甄選時，這個檢定過的指標便可直接加以套用，而不必再經過檢定的過程，這就是預測指標的通則化。遺憾的是一個預測指標的信效度若高，其通則性的程度通常偏低，是故企業不得不採用其他預測指標或對現有指標重新加以檢定。

2.效度的極限

理論上，預測指標的效度是可以達到 1，也就是 100% 的準確預測性。在實際上，很少預測指標和評估標準的相關係數會超過 0.6，因此在預測應徵者的未來工作成功率上，自然會有閃失和錯誤，我們不得不仰賴其他的方法補救這個效度的不足。

3. 預測指標的信賴度(Reliability)

預測指標不但要有效度，也要有信賴度，遺憾的是不只效度有極限，信度往往也不理想。所謂信度是指衡量工具或方法的內部一致性。取得信度的方式很多，例如兩個評估人對一群應徵者的口試結果加以比較，其相關係數就是這個衡量工具（口試）的信賴度。由於在衡量過程有不少瑕疵和使用人的差異，一個預測指標的信賴度，往往就受到影響，進而影響到它的信效度。

4. 工作的變遷

隨著時間和科技的發展，企業內各項工作的內容是會發生變化，進而有不同的工作要求和資格條件，企業自然需要對其所用的預測指標重新加以修改。因為指標是根據工作分析而來，工作內容發生改變，指標的變動性就很大了。除工作發生變化外，員工個人能力也隨時間增加，其工作動機和激勵也和當初找工作時不盡相同，所以企業勢必也應考慮內在勞動市場的運作。

第四節　小結

本章在闡述甄選的基本意義，在甄選模式中，我們了解甄選是運用一些指標預測員工未來在工作上的整體表現。這種預測都不是完全的，自然帶有風險。所以企業對於預測指標的信效度要特別注意，本書提供許多不同的信效度及其測驗方法，原因就在此。不僅如此，在甄選決策中，對於預測指標的有效性、應用限度和成本的考慮也一併討論，以期

企業可以建立合乎自己的甄選作業模式。

　　就人力資源管理策略的運用而言，企業若採投資創新的策略，其工
作規範既然是廣泛並具有隱含性，那麼工作績效的預測指標也當如此。
這些指標比較抽象而與概念有關，不易衡量，企業勢必利用理性效度的
檢定方式來確定預測指標的有效性，當然這種指標所算出來的效度係數
也就比較低。反過來看提高品質參與決策或是降低成本吸引員工的策
略，一般來說，在這兩種策略運用下，工作內容確定，甄選指標績效成
果也比較具體確切，比較容易衡量。使用經驗效度檢定比較合適，所計
算出來的信效預測度也就比較高了。**表 10-2** 就在說明不同策略所應採用
的甄選制度。

表 10-2　　策略、理念和人才甄選

甄選制度	策略模式		
	投資創新	提高品質參與決策	降低成本吸引員工
甄選指標	廣泛	確切	確切
效度檢定方式	理性效度	經驗效度	經驗效度
信效度水準	中等	高	高

第十一章
甄選方式和運作

甄選的特性既在求特定預測指標的採用，以便認定應徵者所具有的資格條件足以產生良好的工作績效。而預測指標的採用即反映企業甄選的方式，也只有透過甄選方式才可以取得這些指標的分數，所以從這個角度看，甄選的方式多少就在選擇預測指標。

第一節　甄選的方式

企業採用的甄選方式不外包括測驗(Test)、面試(Interview)、申請表(Application Blanket)、健康檢查(Physical Examination)、推薦(Reference)，現逐項加以說明。

一、測驗

測驗是指任何有系統、標準化的測試程序，以取得有關個人能力的資料。按照這個定義，幾乎所有的甄選都可以說是測驗的一種。不過在這裡，我們所採的是比較狹義的解釋，同時也是按照我們社會的習慣，把測驗分為以下三方面，即能力測驗(Ability Test)、人格及興趣測驗(Personality & Interest Test)、和工作標本測驗(Work Sample Test)。

1.能力測驗

能力測驗在衡量一個人所具有或可能具有取得知識和技能的特質。它表示一個人在未來工作上的表現，一般來說，能力測驗包括下列部分：

⑴認知測驗(Cognitive Test) 認知測驗包括字彙、數字、推理、記憶、空間、知覺等。認知測驗適用於許多職業，專業人員和管理職位都需要這種測驗。

⑵機械測驗(Mechanical Test) 包括兩部分，一是機械關係的理解能力，另一是空間關係的認知能力。機械測驗多半用於半技術或技術性的職位。

⑶體能測驗(Psychomotor Test) 體能測驗主要在衡量身體反應和靈活程度。它與工作內容，尤其是需要用手用腳的工作有密切關係。

以上三種能力並沒有什麼關連，我們不應以一個項目測驗結果成績推廣到其他測驗項目所要測驗的能力。為了取得應徵者多方面的能力，測驗的內容是可以包括上述三個項目，這就叫綜合測驗(Test Battery)。

2.人格及興趣測驗

人格及興趣測驗主要在衡量一個人的性格、意向、和喜好類型，這種測驗到目前為止，尚未正式納入企業甄選測驗中。興趣測驗往往只是用來分析一個人的性向和喜好，藉以幫助其在職業上做一選擇。其中以 Meyer-Briggs Interest Test 最常用。

3.工作樣本測驗

工作樣本測驗是將工作中一些重要項目或行為，讓應徵者在測驗時試作。這項測驗的基本假定是工作績效的最佳預測指標可在模擬的工作情況下獲得。在模擬下，一個人的表現和行為是可以預測其未來在相同或類似的工作狀況下的工作績效。這是內容一致的概念。在這種概念下，一個人的行為應該有其一致性、相連性，過去的行為和未來的行為有高

度相關性。

　　工作樣本測驗大略可分兩類；一類與個人行為有關，如打字、包裝、組合東西等動作；一類與技術有關，如閱讀藍圖、企業競賽、模擬操練等。

　　各種測驗的效度檢驗一直為專家學者所重視。綜合以往研究檢定，我們略可歸納下面幾點：首先能力測驗不僅能預測一個人的工作績效，並且與受測人員的可塑性有密切關係，有時這種能力測驗更能預測一個人的可訓練程度。此外採用綜合測驗方式要比單項測驗來得有效。再者，由於工作性質不同和樣本的差異都會造成一項測驗的效度改變。

　　個人興趣測驗比能力測驗較為少用，信效度的驗證亦不多，但由於企業漸漸重視員工的個人性格和意向是否與企業策略和文化配合，這類測驗才漸漸受到重視和應用。

　　工作樣本測驗則是這一種測驗中最有效度的。行為測驗的結果，其效度又比技術測驗來得高些，但是技術測驗在預測一個人的訓練績效又比較有效。當然工作樣本測驗不像其他測驗容易設計執行，所以這方面的應用測驗不多，護士測驗是其中的一種。

二、面談

　　面談也就是面試，往往具有多項功能，其適用性並不限於甄選，當然甄選的應用是最重要一項。工作面談主要目的也在取得應徵者資格能力的資料。面談者在進行面談之前，都有一些應徵者的基本資料，做為面談的基礎。通常面談者希望透過面談取得一些其他甄選方式所不易獲得的資料，如一個人的溝通技巧。

　　面談有時也在做企業的公共關係，告知應徵者企業的狀況，進而給應徵者一個良好的企業形象。反過來說，在面談過程中，應徵者也可以

製造一些特別印象，爭取企業或面談者對其個人的好感，進而增加其被錄取的機會。還有，面談也表示企業對應徵者的重視和禮遇。在這裡，我們就工作面談的甄選功能加以討論。

1.面談的特性

　　工作面談進行的方式很有變化，時間長短是個因素，有的只有十分鐘，有的工作面談長達二、三個小時，這與工作性質和重要性大有關係。一般說來，愈是專業的工作、愈是重要的工作，工作面談的時間也愈久。工作面談的結構性也有不同。在結構性面談(Structured Interview)中，所有的應徵者都會被問同樣的問題，不但問題一樣，問題的前後次序也相同，在這種情形下，除了簡單問好外，個別的問題就不會提出來。有時候工作面談可以非常不規則，這種情形就叫非結構性面談(Un-structured Interview)，面談並非事先不加準備，只是應徵者所被詢問的問題，全視面談的情形而定，而面談者常以發掘問題、探討答案的方式詢問應徵者。

　　工作面談也會因面談內容與實際工作的相關性而有區別。有些面談者完全按照工作的資格條件和能力的要求而提出問題。也有工作面談者，著重一些抽象和態度性的問題。有時候工作面談者給予應徵者充分自由和時間表現自己，這種情形叫非導向面談(Non-directive Inter-view)。有時候面談者會提出一些狀況和情境，讓應徵者感到極大的壓力，以見識其反應能力，這叫壓力性面談(Stress Interview)。工作面談也會因面談人數而有不同。一般情形都是一對一的面談；有時因狀況需要，而必須公開進行或需要二人或二人以上的面談者，就會形成集體面談(Group Interview)。

　　最後工作面談也會因紀錄的有無和詳盡與否大相逕庭。有時候工作面談要求面談者必須對每一個應徵者加以逐項評分，並就面談內容詳加記錄，當然有些面談也只是一種形式。

2.面談的效度

　　由於工作面談的形式相當不一，其效度也往往差異甚大。首先我們看一下面談的信賴度。工作面談的信賴度可從兩方面加以說明，面試者之間的信賴度(Inter-Rater)和面試者自身的信賴度(Intra-Rater)。面試者之間的信賴度是指好幾位面試者對應徵者評定的一致程度。如果沒有好的信賴度，那表示每個面試者對應徵者未來的工作績效的預測不一樣，這樣就不能拿來做爲甄選的工具了。但是有了好的信賴度，未必能表示工作面談就有效度，數位面談者的評定雖然一致，卻有可能是不正確的，所以良好信賴度只是必要條件，但非充分條件。當然有了高的信賴度，效度的可能性也大爲提高。

　　面試者自身的信賴度指的是一位面試者在不同時間對同一應徵者所做的評分的一致程度。一般說來，這種做法的信賴度是比較高的。同樣的，有了信賴度，仍不能保證有效度。雖然工作面談的效度一直沒有系統的研究，實際的效度也比測驗爲低，但是面談卻被企業廣泛採用做爲甄選工具。現綜合一些研究結果，提出影響工作面談信賴度的重要因素：

　　⑴面談結構：結構性面談要比非結構性面談來得有效。

　　⑵雇用壓力：當面談者並非一定要雇用所面試的應徵者時，其面談結果比較具有正確性。

　　⑶工作資料：當面試者具有充分的應徵者個人資料，其評定的信賴度會比較高。

　　⑷對比效果：面談者會將應徵者的表現與其前一位應徵者的表現相比較，結果一位應徵者的評分高低會受到在其前面應徵者的表現好壞而有變化。在前的應徵者表現若好，相對的，目前應徵者的評分就可能偏低，反之亦然。

　　⑸過早決定：面談者易於在面談才進行幾分鐘時，就已經做了決定。

(6)理想人選：每一個面試者自己心中都有一個理想的應徵者，每個應徵者的表現就按照這個理想標準評分。由於每個面試者的理想人選不一，面試者之間的信賴度就會降低。

(7)負面資料：面試者有過度找尋應徵者負面資料的傾向。一旦有了這方面的資料和印象，面試者在評分上所給予的比重也偏高。

(8)性別差異：這可能和工作特性有關。適合女性的工作，男性就會有比較差的評估，反之亦然。

三、申請表

申請表也是企業常用的甄選工具。申請表通常包括的內容有個人資料、教育程度、經驗資歷、興趣嗜好等。有些申請表也包括個人的身體狀況、推薦人選等項目。不管申請表包括項目多少，最重要的是這些項目是否可以讓企業有效地甄選其需要的人才。為了達到申請表的預測效度，權數申請表(Weighted Application Blank)應運而生。權數申請表是將每個項目與評估標準如工作績效、服務長短的關係加以衡量，按照關係的強弱，給予不同的配分。關係愈高，該項目權數也就愈大。若將所有項目的權數配分總合起來，就產生應徵者的評分，可做為甄選的標準。

一般說來，權數申請表的效度是經過特別檢定過程，其總合評分的效度尚可採用。但若就個別項目單獨使用，就有誤用的可能。此外，甄選的工作特性也可能會影響權數申請表的效度，所以需要定期檢定其效度。

四、健康檢查

身體檢查的目的在剔除有重大殘疾、無法勝任工作的應徵者，尤其是心理上的疾病，不是一般人可以從外表上看出來的。當然在這裡企業必須仔細確定身體檢查項目與工作績效有密切關係，不然就有影響企業形象，甚至牴觸法規的要求。由於身體健康檢查與員工日後工作績效通常都沒有特定關係，加上身體檢查費用甚高，尤其是全身身體檢查，許多企業均採用健康問卷調查表代替，其主要目的，還是在日後醫療費用的負擔上著眼，希望以此調查表確定責任的歸屬。

五、推薦

推薦有兩種狀況，一是企業主動要求應徵者提供其個人認識的上司或朋友，做為日後進一步了解該應徵者的前提；一是企業不但要求應徵者提供推薦人，並同時要求推薦人做書面的敘述，介紹推薦人自身所認識的應徵者，做為甄選之用。這與求職者在求職過程中，自動提出推薦人在時間上有先後不同。主動提出推薦人信函的作法是求職者希望以此增加入選的機會；而企業要求推薦信函是已經做了初步篩選，要進一步對選上的求職者，做一了解。

推薦也有保舉的意味，在許多企業中對於新進員工往往要求其提供保人，一方面是防止企業受到不必要的損失，一方面也是推薦的延長。

有關推薦的信效度，尚無廣泛研究正面支持其效度。一般認為推薦信函往往是誇大不實，只強調長處忽略缺點，其信效度是值得商榷，採用推薦方式甄選，就應特別注意這種情形。

第二節　甄選的運作

有關甄選的運作，有四方面值得加以討論：(1)甄選方法及預測指標的確定；(2)多重預測標準的使用；(3)甄選的決定；(4)甄選的改進。

一、甄選方法及預測指標的確定

企業有許多預測指標可以採用。為衡量這些預測指標，甄選的方式也可能不同。一般說來，面談是最為廣泛運用的一項方法，很遺憾的是工作面談往往比測試、權數申請表要來得主觀，所以其信效度也偏低。其次較常使用的方法是申請表和推薦，這兩者的信效度也不高。而測試的使用，往往限於較大企業，一方面是經濟規模的考慮，一方面也是大企業在人力資源作業比較專業化的結果。

由於各種甄選方式效度不一，適用狀況也有差異。企業在方法的選擇上往往是多重的，也就是選擇二種或二種以上的甄選方法。其如此，一方面可以針對各個方法的優點充分運用，一方面也可稍加比較不同方法和相同預測指標的評定究竟有無重大出入。當然有些企業可按甄選方法的特性，在甄選的過程上，予以排定先後次序。例如一個應徵者，若無法通過測驗標準，就不會有口試的機會。

雖然預測指標的選定有賴工作分析的結果，但是甄選方法和預測指標往往是相關的，如口試與溝通能力、申請表與基本資格條件、測驗與特定能力或知識是息息相關的。所以我們可以說，甄選方法和預測指標的確定是難以清楚劃分前後，而是同時決定的。

二、多重預測指標的使用

　　企業即使只使用一種甄選方法，其選定的預測指標往往是多項目的，其如此乃因爲在任何工作都有多項工作項目，同時要有良好的工作績效，往往須具備多重資格條件。明顯地，資格條件的項目也隨著職位的重要性和階級的上升而增加。當一項工作需要二個以上的預測指標時，指標之間的關係就須加以決定，以便做成甄選決定。有三種方式安排預測指標的關係：

1. 多階選定(Multiple Hurdles)

　　多階選定是將各項預測指標，按其特性或重要性，依序排定，凡通過第一項指標的應徵者方得應試第二個指標。例如身體檢查不合格，不得參加考試，就是相類似的做法。採取多階選定是基於所有預測指標都是達到良好工作績效的必要條件，缺一不可。事實上，很少工作或職位是絕對需要某項條件或能力的。但多階選定法仍然被採用，是因爲這種方法可以逐項淘汰應徵者，減少實際甄選作業，比較容易處理而已。但這種做法，往往是不正確的。

2. 互補安排(Compensatory)

　　顧名思義，這種安排方式是指所需的資格條件或能力之間是可以互補的。在某一方面的能力不足是可以用另一項的優點加以彌補的。任何一種不同能力的組合，只要可以達成良好工作績效就視爲通過及格。在這種安排下，甄選的作業必須完結後才能確定究竟那些應徵者有資格被錄取。同時不同的能力組合也會影響到甄選的結果，尤其是對某些能力加以權數計分時，會使有這項能力的應徵者，有較大的錄取機會。互補安排較多階選定來得實際可行，許多測驗就是互補式，許多資格條件也是互補的，如教育和經驗。

3. 混合式(Combined Approach)

混合式是將多階選定和互補安排兩種方式加以綜合使用。如果一項工作中有必要條件的預測指標,如打字速度之於打字員,那麼這項指標就必須先加測定,只有及格的應徵者可以參加下一階段的甄選。在下一階段,企業就可採互補式,直到整個甄試過程結束,甄選結果才能揭曉。換句話說,混合式的作法是在甄選的前階段,就必要的工作能力或條件採多階選定的做法,逐項剔除不合格的應徵者,一旦進入綜合能力的範疇,則採互補安排予以結束。

三、甄選的決定

在企業甄選的工作中,尤其是準備及執行的階段,大都由人力資源單位負責。但在最後人選的決定上,直線單位往往有決定權,當然有時候,人力資源主管也參與最後選定的過程。直線單位所以有最後決定權,乃在這項人選決定對直線單位有直接的影響,選上的人員在直線單位部門工作,其工作表現好壞,直線單位不但要監督更要負責。許多企業人力資源部門將所篩選合格的最後候選人名單提供直線單位,供其挑選決定,這種功能的分工在前面已經討論過,但是人力資源單位應該對直線單位的參與和決定予以支持和關切,以確定甄選的決定合於人力資源專業的水準。所以當直線主管參與項目評分時,人力資源單位有責任訓練這些主管如何進行測驗應徵者,如面談的技巧。當人力資源單位計算各項能力配分時,也須讓直線人員了解配分的涵義,這種專業的協助是人力資源單位的一項功能,不能忽略。

四、甄選的改進

　　甄選的兩大目標是公平和效率，在改進甄選作業上，自然也以這兩項目標爲前提。爲要公平，任何甄選作業當然是愈標準化愈好。所謂標準化是在求每項預測指標和甄選作業的一致性，一致性不但可以提高預測指標的效度，也可增進甄選的公平性。

　　甄選作業的一致性可分兩方面看。甄選作業對外的一致性是作業必須根據人力資源策略及目標，如此甄選作業才會和其他人力資源作業相互搭配。如人力資源策略目標在確定人力的創造性。不但甄選作業上要以創造性爲預測指標，在訓練上也可能以集體討論方式，以增進員工的創造力。甄選作業的內在一致性講求應徵者資料的取得要一致，不能因爲某應徵者不提供就不需要，也不能因某些人就增加其個人資料的取得。當然資料取得是透過測驗，那麼測驗的進行方式、地點、時間均應相同。

　　一旦取得應徵者的資料後，更重要的是對於這些資料的評定也要一致。對於一些客觀的預測指標如考試成績，一致性的要求並不構成太大困難。但就其他主觀的資料如面談紀錄、推薦信等，評分的一致性或在一定的標準下就非常重要。其中尤以面談的標準化，一直爲專家學者所強調，因爲企業往往使用面談的結果做爲最後甄選決定的依據。下面是一個例子，可以增進面談標準化，進而提高面談的效度。這個舉例涵蓋六個部分，很適合重要職位的甄選。

　　⑴問題原由：改善一對一的面談，決定三個面談者進行面談。

　　⑵企業環境及工作分析：根據工作項目，發展出面談的內容並提出一些與工作有關的假設情況。

　　⑶面談進行：要求應徵者按照所定的假設情況在一定時間內加以分

析解答。

(4)設定評分標準：針對原先工作項目，選定評分標準和尺度。三位面談者可就這些工作項目和標準，記錄應徵者的表現。面談結束後，三位面談者可以互相交換意見，然後個別獨立評分。

(5)面談技巧：面談者不但對甄選的工作要有相當的經驗和了解，並在面試前，接受訓練了解面談的過程、工作項目標準發展的原由，並練習使用這些標準。

(6)結束面談：將實際應徵者，按照三位面試者的評定，按各個工作項目及標準評分排列。一方面比較三位面談者在各個項目及總分的一致性，一方面決定錄取標準。如果錄取人數較多，日後也可進行實驗效度的檢定，有助於面談的改進。

另一種甄選的一致性乃在甄選的方法、甄選的過程和甄選指標的特性中求得一致。圖11-1說明三種不同的工作分析方法，取得不同導向的工作內容指標。這些指標決定了企業可使用的甄選方法，自然也改變了甄選的過程。其如此，乃因甄選指標的衡量有賴特定甄選方法，而方法本有時間先後之分；例如履歷的審核總在面談之前。這些甄選過程的安排本在求指標的衡量及其預測性，所以沒有絕對好壞之分，選擇適當的甄選方法和程序，就能改進甄選的作業。

甄選作業追求的另一個目標就是效率。企業在選定甄選作業前就已經做了成本效益分析，一旦甄選作業完成，這個成本效益分析必須繼續下去，以確定原先的假定分析是否成立。另一方面是信效度的檢定，信效度愈高，這個指標愈有預測性，這項甄選作業就愈有效率。效率的確定不但可以幫助企業了解其甄選作業的有效程度，同樣重要的是，它可以讓企業在日後選擇甄選政策和作業時，有一個比較清晰明確的概念和比較標準。

圖 11-1　甄選過程模式比較

第三節　小結

　　本章介紹了人才甄選的方法，並就每個方法的特性說明其功能所在，並比較各個方法的信效度。在甄選運作中，逐一分析甄選方法及預測指標的確定、多重標準的使用、和甄選的決策，最後對甄選的改進提出一些可行的建議，並在這些建議中再一次強調甄選的公平和效率原則。

　　本章敍述的人才甄選方法大部分屬於技術性，不管企業採取那種人力資源策略，這些方法的應用都是需要的。然而在方法運用過程上，我們特別強調策略和行為的關係，並且介紹比較傳統的、行為導向的和高績效的甄選過程。明顯地，行為導向的或高績效的模式是比較合於策略管理概念的。

第十二章
員工流動

　　企業不但是繼續經營的組織，企業內的員工也有不停的異動。當有些職位出缺或某部門因業務需要增加工作量，企業若不往外甄選，則是就現有員工予以調派。當員工在企業工作一段時間，或因經驗累積、或因工作績效、或因工作性質改變，企業便會主動或被動安排這位員工，或給予升遷、或予調職、或予開除。當企業生產的產品需求急劇下降，造成業務的縮減，企業發現現有的人力資源過剩，被迫採取遣散或工作分享的措施。當員工到達一定年齡，其將依法令或公司規章離開退休。以上種種措施或出於企業的主動安排、或來自員工的要求、或來自企業的環境變遷，都是企業必須處理的作業，企業自應有一套的管理方法和策略。這就是本章的主要討論重點。

第一節　員工內在流動

　　企業內職位出缺，往往不由外招選，而是由企業內員工甄選遞補，此乃是非常自然的現象。根據企業內在勞動市場的觀念，企業內許多工作和職位都形成一定階梯，一旦在高階的職位出缺，勢必由同級或下級的人員予以遞補。其如此，乃在內升制有正面的激勵作用。因為升遷是一種榮耀，通常也帶來報酬和地位的提升。同時，內升制也可以使工作的交接順利進行。在甄選過程中，因候選人通常熟悉了解工作情況，其

等也可以馬上到任接下新工作,不必經過外部甄選的等待時間。同樣重要的是,內升制提供了員工自我發展的機會,也可以藉此對外招募到比較有才華的人選,因為在對外招募時,企業可以未來較高職位作為誘因。員工也因為有內升制,認為在企業內有發展,自然就不太會向外尋求發展了,所以內升制可以提高員工的向心力。

企業有時也不可能完全用內升制安排職位的出缺,當企業發展迅速,急需大量人力或技術改變時,企業的內在勞動市場是無法有效提供補充的。即使在平常時期,若完全採用內升制,也容易造成企業人力資源的凍結,企業經營的停滯。此外龐大的企業因地理區域的分散,也無法完全以內補的方式來遞補出缺的職位。再者,內升制也會造成結黨成派,形成權力紛爭,阻礙企業工作的進展;同時因無新血的加入,員工的創造力和專業容易退步,除非企業具有良好的訓練發展計畫,不時提供員工上進的機會。所以企業必須斟酌內外環境、自身條件,訂定內部員工流動政策,以便充分有效運用外在勞動市場和內在員工。

企業內在員工流動政策涵蓋下列幾方面:⑴確定何項工作出缺或何種狀況發生時,究竟應從外招募還是由內在員工遞補,這是內在人才流動政策的前提;⑵一項工作職位出缺,是否由同一部門的員工遞補,還是企業內其他部門的員工皆可爭取;⑶該工作職位出缺,是否由具有相同專長或從同性質工作的員工才能遞補,還是其他員工均加以考慮。換句話說,何時容許跨職能的工作分派;⑷在何種狀況下,只允許由下遞補晉升,而不採調派的方式處理。由於工作性質不同,職位層級高低不一,究竟應持何種決定,當視狀況而定。因此,發展一套內部人才流通的作業原則和程序就很重要了。前述內升的優缺點,就是訂定原則時應考慮的因素。

內部人才流動的程序與外部招募甄選相似,但其應用原則,因內在勞動市場的特性與外在勞動市場不同,故也不盡相同,現逐一分析。

一、內在招募

內在招募的基本政策大略可分兩類，一是公開式，一是關閉式。在關閉式的做法中，找尋適當人選的責任完全落在出缺職位的部門主管，主管往往根據其個人了解和消息，或在自己單位或其他部門挑選合格的人選，然後進行簡單的甄選過程予以決定。有時企業已有一些人力資源資料，可以提供工作出缺的候補人選。甚至企業已有良好的人力資源資料庫，即使沒有候補人選的名單，卻可根據出缺工作的資格條件，從人力資源資料庫迅速找出可能的人選。不管這些人選資料如何取得，真正被列為考慮的對象，仍在於職位出缺的部門主管。

在公開式內部招募，則需要將一個職位出缺的消息發出通告，並列出應徵者應具備的資格條件，凡合於這項資格條件的企業員工均有權參加甄選成為真正的候選人。所以人選的來源是出於員工的主動報名，而非主管的挑選，每一個應徵的員工都會被慎重考慮。

企業究竟應採公開式或是關閉式，全視企業的文化和作風而定，當然這也和用人的目的有關，企業文化趨於保守，要求迅速安排人選，並有效控制整個程序，常採關閉式。企業文化比較公開，講求員工參與，公開式又比較恰當。若以行政成本而論，公開式高於關閉式。當然企業規模的大小和工作性質也有關，大企業比較注重公平和公開，中小企業則講求實際迅速，自然趨於關閉式。工作性質和層次愈高，愈趨於關閉式，反之亦然。

二、預測指標的確認

基於工作分析，外補甄選所用的預測指標大都可以加以採用。為求

個人差異和效率的眞正了解，企業必須進一步了解員工，由於員工已在企業工作一段時間，其等各種行爲和表現自然可以做爲預測指標，這些指標是外補甄選無法獲得的。所以，內在甄選就可運用這些行爲指標，在甄選上就應比外補甄選來得有效。下列三個指標通常被列入考慮：

1.年資

年資指一個員工在企業服務的年限。年資的重要性往往和企業的特性和文化有極大關係。大企業和有工會組織的企業往往比較重視年資，而一般企業對年資總會加以考慮。年資之所以被考慮，其原因很多：年資很客觀，容易衡量；年資的長短多少代表員工對企業的忠誠度，這也是企業所盼望的。此外，年資有時也有某種程度的內容效度，年資愈高，工作經驗也愈多，工作能力也可能比較高。當然這種推論隱含兩個先決條件，一是員工以往的工作與目前工作相類似，一是這項工作本身具有訓練的效果，只要從事該項工作，就會產生學習效果，使工作者的能力增加。事實上，許多工作並不具備這個條件，所以年資的運用需要小心。

2.工作績效

表面看來，過去的工作績效應該是一個非常好的預測指標。許多企業也視過去工作績效做爲晉升和調派的依據。由於這個強烈的認定，許多企業忽略了工作績效與晉升間關係的檢定工作，以致工作績效被誤用，拿來做爲升遷的唯一依據。事實上，目前工作績效未必和新工作的工作績效有所關連，尤其在舊工作與新工作之間沒有太多相同的地方之時，這種關連性更不易存在。也許正因爲如此，有些企業在工作績效考核表內，加上員工晉升能力項目，做爲日後晉升或調職的依據。由於這只是工作績效中的一項，沒有刻意拿出來檢定，就失去增列該項的原意。比較理想的作法，是分開過去工作績效和未來晉升能力，分別做爲預測指標。

3.評估中心(Assessment Center)

　　評估中心是一種多樣性的考選方法，可以測定一個員工的晉升能力。它包括一系列的個人和團體操練，應試者在操演不同的習題時，由有經驗的評估員對其等表現予以評定。最常見的個人操練是公文籃訓練(In-Basket)，即將模擬的管理問題，書寫成文放在籃內，讓受試者逐次處理這些文件。而最常見的團體操練是自然群體討論(Leaderless Group Discussion)，觀察成員表現及其等如何達成決議。一般評估中心應具備下列幾項條件：

　　(1)多種評估方法的運用，其中模擬操練的運作是必要的。

　　(2)多數評估人參與評定，這些評估人均應事先接受評估訓練。

　　(3)對於個人的成績評定，應由評估人共同決議為前提。

　　(4)評估的項目及內容必須經由企業環境和工作分析後，了解工作上有關行為而加以訂定。

　　(5)行為的觀察必須在不同時段進行。

　　從上面的界定，團體面談不是評估中心的做法，只用模擬操練來選定晉升人選也不代表評估中心。當然一個評估人採用不同評估方法，或多數評估人，各按其方法評估受測者也不能稱為評估中心。

　　評估中心可適用各項人力資源作業，有些企業使用評估中心發展員工能力，有些企業則運用評估中心，有效安排員工的永業，但最普遍的用法則在選擇有晉升潛力的員工。評估中心的信效度一直為學者和企業所關切。評估中心不但在不同評估人之間有高度一致性，所評估的結果也有相當可信度，其信效度係數常在 0.3 和 0.4 之間，要比其他甄選方式來得有效。

　　評估中心雖然有效，其做法要求甚為嚴謹，所以成本也偏高，是否其效益也相對增加則視個別企業狀況而定。全錄公司及美國電報公司均認為使用評估中心在成本效益分析上是值得的。

三、內部甄選決策

理論上內部甄選決定和外部甄選並無二致，所以外部甄選的過程及決策考慮均適用於內部甄選。但內部甄選活動涉及企業現有員工，易流於散亂而無系統，加上其等權益的影響，容易導致部門傾軋、人情干擾、偏袒徇私等問題。因此在方式上，仍宜以公開式爲主。

第二節　員工外向流動

當人力資源規劃發現員工到一定年齡、或企業人力過剩、或企業的人力成本偏高、或因技術變遷、部分工作被機器所替代時，企業會採取一些措施解決人力過剩的問題。各企業採取的措施不一而足，但其中三項是減少員工數目最常見的做法。

一、資遣(Severance)和臨時解雇(Laid off)

資遣是終止雇用關係的行爲，它是長期性的；而臨時解雇則是暫時性的，一旦企業人力過剩的原因消失，被解雇的員工可以回到原來企業工作。不管是臨時性或永久性的解雇，對企業對員工都是不願見到的，因爲企業和員工雙方都會蒙受損失。企業在決定採取解雇遣散的措施前，都必須做一詳細成本效益分析，以確定這個措施的合法性和合理性。

1.解雇人選的決定

由於解雇員工涉及勞資雙方權益，對於解雇或資遣的做法常由法律或契約予以規定。在決定資遣人選時，一般契約都採年資和績效兩個標準。就年資標準而言，採用最後到職最先解雇(Last Hired-First Fired)

的原則，但企業認爲這個原則雖然公平卻不完全合於經濟原則，所以績效的考慮也就應運而生。就績效因素而言，績效差的員工，就有被先行解雇的可能。同時那些具有特殊專門技術，是企業不可或缺的人才，雖然其年資淺，仍然會留下來。綜合年資和績效兩項因素，不同解雇安排就視契約的規定。

2.通知被解雇人員

按照契約或約定，企業通常會列出解雇人員名單及其順序，然後按照過剩的人數，從名單中依序選出通知。企業均在一定時間之前通知這些即將被解雇的員工，好讓其等在這段時間可以尋找其他工作。在勞工法律中也有類似的規定，允許被資遣員工在其任職期間請假找尋工作。至於預先通知的時間長短則視各個企業的作法，不完全一致，勞工法令對此也有所規定。

3.內部調整

被資遣員工所留下來的工作必須重新組合或分配，所以留在企業的員工之工作就可能發生變動。如果資遣是按年資的長短，則年資淺的員工之工作可能是比較低層的、簡易的。若這項工作雖然簡易但有其必須性，則勢必由資深的員工兼辦或承擔，這會造成降級或工作加重的問題，以及一些內在調整的困擾。

4.資遣費的給付

資遣費的給付通常有兩類，第一類是法律命令有規定的，其中可分兩部分，一部分是企業的責任，企業必須按照員工在企業的工作時間和薪資水準，給予一定給付；另一部分是政府的失業救濟，也是按照失業員工的工作年限，在一段期間，給予補助。第二類則是員工本身爲防止資遣所造成的傷害，要求企業爲其購買失業救濟津貼或保險，以補政府失業救濟之不足。

二、開除(Dismissal)

開除通常是針對個體員工，遭到開除處分的員工是因其工作績效不彰或其行爲觸犯公司規章所致。由於開除等於雇用關係的終止宣判，是相當嚴重的，必須詳加考慮才行。事實上大部分企業都採漸進原則，並按照情節輕重予以不同處分，而開除只是最後手段，並非常見。所以在開除前，員工大都受到口頭警告、書面警告、記過或停職等處分。

在傳統自由經濟體制下，認爲雇主可以不具任何理由開除一名員工，而員工也可以隨其好惡決定其個人去留。事實上，企業與員工的雇用關係並不能任意中止，而必須有適當理由(Just Cause)，這種正當理由的應用，大致偏向於企業對員工的契約行爲，因爲在雇用關係上，企業總是佔優勢。因此企業不能因爲員工公開批評企業內部的不當或員工不願執行不當指揮而予以開除。

在正常情形，企業應有一套制度處理開除問題。其目的在協助各級主管處理員工不當行爲或績效不彰的員工，並且對每次員工紀律處理經過及決定予以書面化，一方面可確保員工權益，防止主管權力濫用；一方面也可以防止不法員工的日後不當要求。有時候開除並不一定要用開除名義處理，企業與員工雙方可以在比較和諧的狀況下，商談離職條件；員工也可以自動辭職方式行之，如此安排對雙方可能均有益處。

三、退休

員工退休提供企業一個良好安排工作變動的主要機會。退休往往因爲年齡所造成工作能力的衰退，或工作相當一段時間，所引起非自願性或自願性的雇用關係的終止。大部分的退休規定均是以員工的年齡和服

務年資為要件。政府法令和企業作法均不例外。

當員工到達一定年齡，必須退休的時候，員工本人就沒有太多選擇。企業雖然可以予以延長，但年齡果真造成工作能力的降低，企業也不得不終止兩者的雇用關係。反過來看，企業是否應鼓勵員工提早退休，就看一些條件是否配合。首先外在經濟環境是否適合這些願意提早退休的員工找到其等適合的工作或其他機會；第二，鼓勵提早退休是否有具經驗和資格的人接班、是否會提高企業的活力；第三，企業是否有財務能力應付退休金的增加。企業必須做一整體衡量分析，不能貿然採取提早退休的措施。

退休就一位員工而言，是人生一件大事，其影響深遠，必須加以規劃。企業也應安排一些活動，協助員工的退休，一般企業的退休計畫可分三個階段：

1.退休準備計畫

在使員工找到自己滿意的生活方式，鼓勵員工對退休有一個比較樂觀的看法，並提供退休的有關規定，尤其是退休金和保險的規定。

2.交接準備計畫

一方面逐漸降低即將退休員工的工作時間及負荷，使其逐漸習慣工作及生活的變化；一方面也安排交接人員與其一同工作，了解其工作性質，以便其退休後，能迅速接替。

3.退休後的安排

企業仍然可以藉著各項活動和退休者保持聯繫，並鼓勵其等拜訪公司。有時候也可能聘請其等擔任義務或兼職工作，這往往有意想不到的效果。

第三節　員工缺席及離職行爲管理

有關缺席及離職的基本觀念，在本書第四章第二節已經介紹過，本節僅就這兩種行爲的管理加以分析。

一、缺席的管理

員工出勤的基本要素有二，一是出勤的激勵程度，一是出勤的能力。出勤的激勵和員工工作滿足有密切關連，出勤激勵也和出勤獎勵相互關連。員工工作滿足愈高，出勤率也相對地高，增進員工滿足，就可以增加出勤率。出勤的頻率也和金錢的獎勵或懲罰有關。通常正面的獎勵比較具有效果，多數企業都有全勤獎金的設置以鼓勵出勤。當然在經濟不景氣時，員工的一般出勤率也會相對提高。另一方面，出勤率也和員工個人能力有關，身體健康狀況、家中老小的照顧、和交通工具的方便與否都會影響員工上班的頻率。爲了眞正鼓勵員工出勤，企業可以考慮無過失缺席措施(No-Fault Absenteeism)。其基本原因在於員工有時無法上班不是自願的，而是某種特殊原因致其缺席，這種缺席不視爲缺席。當然企業要設定這種無過失缺席的限制天數，如一年不超過三天，如果員工無過失缺席不超過三天，便予以鼓勵或不予懲罰。這種措施的基本精神在於人性的尊重和對員工的信任。

二、離職行爲的管理

離職可分自願性和非自願性，在管理上有所不同。非自願性的離職如資遣，通常是企業的產品需求減少或員工人數膨脹太快，造成人力供

需的不平衡。這點和企業策略或人力規劃大有關係，但與員工個人行為並無關連。自願性的離職卻需要企業注意並了解發生的原因，企業可以採取離職面談了解員工離職原因，有些企業認為離職面談效果不大，而應代以員工態度調查。

　　同樣的，自願離職的主要原因在於個人的能力和機會，以及其對目前工作滿意的程度。在西方社會，跳槽是個人能力的表示，離職率也就相對提高。但若員工在企業內有升遷機會，其等也就比較願意留在公司裡，這也說明大企業比較能招募並且留住員工的原因。當然員工的個人滿足也是重要因素，而滿足的程度和員工個人期望和企業相對的誘因有密切關係，若兩者間能保持平衡，員工也就愈滿足，自然也就不會想到離開企業了。

第四節　小結

　　員工流動是企業中自然的現象。本章先就企業內在流動，說明內在勞動市場的運作，而這套運作的程序和政策，多少反映企業對所有員工的態度。同時，內在勞動市場安排有助於永業路徑的發展和建立。至於員工的外向流動或出於企業主動或出於員工個人意願，在某個限度內也是企業不可避免的現象，但是員工向外流動多少造成企業的損失，所以企業努力的方向一直是在減少離職率，降低離職所造成的損失。當然，企業大批遣散員工更是企業和員工所不願見到的事。

　　就策略管理而言，若求投資創新策略，企業應給予員工有發展的機會，內在流動或橫向或向上均有通路才行，既有良好內在發展機會，向外流動自應降低。若求提高品質或降低成本，企業做法正為相反，員工內在流動機會比較小，自然會另謀高就，造成較高的外向流動。**表 12-1**就在說明員工流動和不同策略模式的搭配關係。其中企業員工流動率高

低的指述只是相互比較的結果。當然員工流動率，尤其是外向流動率過高，對任何一個企業來說都會造成重大損失，值得加以注意。

表 12-1 策略、理念和員工流動

員工流動	策略模式		
	投資創新	參與決策提高品質	吸引員工降低成本
內在流動率	中等	低	低
外向流動率	低	中等	中等

第十三章
永業管理

自一個員工進入一家企業，其在該企業的永業就此開始，這項事業可能只維持幾天，也可能繼續好幾十年。至於一個員工是否願意繼續留在企業中，就看企業能否提供一個環境，讓其在企業中成長。而促進個人志業，並使之與企業成長相配合的做法就是永業管理。

第一節　永業的形成

永業形成和發展可從過程和要素兩個角度加以了解。本段先就影響永業的因素加以介紹，下段再敘述永業發展的階段及過程。因素分析的主要功能乃在說明具有何種特性的人，適宜從事何種職業或在何種企業文化下工作，進而決定其個人永業的發展或企業工作環境的選擇。

1.人格

人格包括價值、動機和需求。荷蘭(Holland)提出六種人格型態及個人傾向，並就相對應的職業和工作加以說明。

⑴實際型(Realistic)：行為積極，傾向體力的活動，適合從事農業和建築。

⑵調查型(Investigation)：喜歡思考組合了解現象的，適合從事數學和生物學方面的工作。

⑶社會型(Social)：喜歡與人接觸，是互動的，適合社會工作、外交

人員、和公共關係的工作。

⑷傳統型(Conventional)：傾向結構性、規矩的活動，對事物要按法則處理的人，適合會計、財務方面的工作。

⑸企業型(Enterprising)：喜歡透過說話說服別人，並喜好權力的人，適合從事法律、管理的工作。

⑹藝術型(Artistic)：喜歡自我表現，具有情感和意志的人，適合從事藝術和教育工作。

2.性向及特殊才能

性向和能力是個人從事某些特定工作的重要條件。人格多少表現個人興趣的一面；而性向則屬於能力的一面，它通常包括智力、數理、機械、空間、理解、字彙等能力。要選擇一項職業，了解自己能力是重要的先決條件。美國勞工部的職業名稱辭典(Dictionary of Occupational Titles)列出許多不同類型的工作，同時在每項工作下，也列出從事該工作應具備的性向及能力，供選擇行業的人參考。

3.家庭背景

一個人的家庭背景，如父母親的教育程度、經濟條件、社會地位等會影響子女行業的選擇，尤其是父母的期望對於子女往往造成相當大的壓力和影響。但父母的影響層面並不全在於子女選擇那些行業，而是在某行業中，子女的成就水準。

第二節　永業的階段

每個人的永業發展都經過好幾個階段，舒伯(Super)認為按照年齡來看，每個人都經歷下列五個階段：

1.生長期(Growth Stage)

這段期間大致是從出生到 14 歲。在這個階段，一個人開始發展其自

我概念(Self　Concept)，知道自己是誰、能做什麼、喜歡什麼。每個人所接觸的，不外是父母親、兄弟姊妹、老師和同學，從和這些人交往過程中，逐漸體認自己的存在和未來的盼望。

2.探索期(Exploration Stage)

　　這段期間大致從15歲到24歲，個人開始嚴肅認眞考慮其未來的職業和工作。其不但在學校獲得某些專業知識，也不時透過休閒活動和臨時兼職方式了解一些工作上的特性以及所需要的資格條件。更重要的是，在這個階段個人對自己的能力和興趣比較有一個客觀的了解，在職業的選擇上趨於實際。

3.建立期(Establishment Stage)

　　這個階段大致從25歲到44歲，也是一個人一生工作中的主要階段。在這個階段中，一個人必須配合自己能力眞正建立自己的志業。其中又可略分三個時期：第一是試驗期(Trial Substage)，指一個人在這段時期選定一生事業的所在，一般人在30歲前就做此決定。第二是穩定期(Stablization　Substage)，一旦確立了個人事業所在，便對這個行業做進一步了解、有效規劃和準備，以便事業得以順利進行。第三是危險期(Mid Career Crisis Substage)，這是中年危險期，因爲一個人開始評估其個人在其行業中的成就，並對原先所做職業的選擇再做一綜合評價，往往發現並不如其原先理想，加上前途又不再像以往一樣開闊，時間也覺急迫，自然對自己開始懷疑，而產生所謂中年危機。

4.維持期(Maintenance Stage)

　　這個階段大致從45歲到64歲，一個人在這個階段所做的努力，大都是維持其目前所有的工作和地位。其所重視的不再是升遷和發展，而是安全和保障。

5.衰退期(Decline Stage)

　　一個人一旦過了65歲，便接近退休，在這段期間，有加速退化的現

象，對於工作的能力和興趣都有力不從心之感，因此也比較願意學習並接受新的工作角色，如減少工作量，扮演諮商角色，直到真正退休為止。

第三節　永業的規劃

1.企業的永業規劃

　　企業的永業規劃在發展永業路徑(Career Path)，好讓員工能按照這個網路發展其終生事業，其作法不外從兩個方面著手。一是就企業以往的職位流動，建立流動矩陣(Transition Matrix)，它不但表現出各個職位間的上下左右關係，它也可分析出流動的速度及方向。企業根據流動矩陣，便可建立一套永業網路，這個做法雖然實際，但未完全合理。因為過去的經驗未必是個良好的做法，所以另一個方面是採規範性的敘述，將工作的性質和內容，按著工作的繁簡難易、責任輕重、以及不同工作間的關係，再配合預期的勞工供給和需求，安排永業網路，其中不但包括相同職類的層級梯階，也涵蓋不同職系之間的工作輪換和調派，這個永業網路即符合企業內在勞動市場流動理論。在企業內員工可以有職級的晉升，這是垂直的異動，也可以因工作責任的加重，而有圈內的移動。當然也可以被調到其他工作部門、同等的工作，這是圈外的移動。這些異動都應加以綜合考慮以建立永業網路，逐漸培養員工個人能力，提升其個人志業。

2.個人的永業規劃

　　在永業規劃的另一端就是員工個人也應有自己的想法和規劃，其過程不外下列幾點：

　　⑴一個員工要將其追求特定永業的動機和問題，詳加陳述和探討，以便進一步納入一個永業群體，做為永業諮商的參考。

　　⑵員工個人根據永業目標，搜集有關其個人的一切資料，對自己的

興趣和能力，做一了解。其中最重要的是個人目前的工作表現和長期企業發展的方向，都應列入個人資訊的搜集。

(3)搜集企業內永業路徑和機會，這一方面就需和企業的永業規劃相配合。當然個人為了自己的前途，可以尋求企業以外的機會，如果這是員工個人的志業，其也必須清楚了解當前企業的安排和發展，才能決定向企業外求發展是否相宜。

(4)發展行動計畫，以達成設定的永業目標。在每個行動計畫下，最好有個行動結果的預估，如此可以幫助員工判斷其個人努力成功的機會，以便對其永業目標重新加以評估。

第四節 永業的發展及諮商

永業發展乃是企業根據企業永業規劃和員工個人潛力的認定，進一步擬定做法，使兩者得以相互配合，達成員工潛力的充分發揮。大部分的企業都依賴各部門主管對其下屬的發展潛力做一評估，並將評估的結果轉告個別員工。這項工作常在工作績效評估過程中進行，這種安排不是很恰當的。績效評估的目標很多，其做法和時間均應視其目的不同而有不同安排。一般來說，每個主管都有發展其下屬的責任，有的主管待人有方，可以充分領導下屬，了解下屬的才能和潛力並善加輔導運用，有些則視為苦差事，不知如何去做。企業的永業發展就在提供各級主管企業永業網路及其相關資料，並輔導其認定下屬的潛力，加以訓練，使主管得以勝任知人的工作。前者的做法往往是透過企業的永業規劃作業，後者則以評估中心的訓練或管理評估的學習(Managerial Review)。管理評估是將一群主管集合，針對企業的人事安排及代理者加以討論評估，集眾智以為智確認員工的潛力，並讓參與者參加討論企業永業網路的安排，使企業的永業發展運作得到各級主管的了解和支持，使永業發

展順利，永業的網路也保持暢通。

永業發展的做法可分兩類，一類在於增進員工個人的能力，給予工作上或工作外的教育和訓練。有關員工訓練，將另章敍述。另一類則以工作輪換或晉升方式，以實際工作發展或應用員工的潛能。但是有些專家學者對於這一類的做法持保留態度，他們認爲工作輪換只適於低層次的工作，而晉升則不宜做爲永業發展的手段。其主要理由乃在工作應由最勝任的員工擔任，而不應拿來做爲訓練員工的手段。所以大部分企業在這一方面處理都比較謹愼。除非該工作眞正適於某特定員工，以工作輪換或晉升方式來發展員工的潛能之作法是不太會被接受的。

永業發展是一個人進入企業後所面臨的重要課題。大部分的員工不會以其第一個職位做爲其終生志業。每個員工都有其希望和目標。個人永業目標和企業的永業網路若不能配合，員工通常只有三個途徑可以選擇：第一是繼續留在企業內，等待機會或試圖改變上級對其個人的看法，而希望有出線的機會；第二是重新評估自己的永業方向，前述個人永業規劃作業就得再重複做一遍，看看自己是否需要訂定新的永業計畫；第三，如果員工認爲自己的永業方向和能力是正確的，企業目前的安排又無法予以配合，那只有另求出路，到其他企業去求發展了。

在個人永業規劃及發展遭遇到挫折和困難時，往往是想靠個人力量設法解決，但是有時困難相當嚴重，並且影響到其工作績效時，一般主管不具有輔導的專業能力，此時就需有永業諮商專家的必要。許多企業聘有這些專家爲顧問，一旦企業員工需要這方面的意見時，便可推薦給員工。一般說來，員工在永業四個階段有其不同工作和情感的需要，現就各期需要略加介紹。

1.探索期

在這段期間，一個人開始其新工作，需要嘗試不同性質的工作和任務，自我歷練以了解自己的興趣和能力，在情感上需要自我選擇的機會，

如果一開始的決定就出於員工個人的決定和選擇,其個人是比較會全心投入的。

2.建立期

個人一旦選擇了職業和工作,工作上的挑戰隨之即來,個人必須培養專業能力和信心,在所專長的工作上有多方面的經歷和接觸;在情感上,要學習如何對付失敗的恐懼和處理良性的競爭。更重要的是培養個性的獨立和自主。

3.維持期

工作上要繼續吸收技術上的新知,也要學習帶領他人,建立不同的工作經驗,或準備更高的職位。在情感上,要培養合作而非競爭的心態,有效調整生活上的改變,尤其是個人體力上的變化。

4.衰退期

工作的重心轉換是明顯的徵兆,個人應學習其輔導的角色,取代其原先所扮演的指揮監督的角色,有效地規劃個人未來退休的生活。在情感上,要再一次確認自己的價值,對過去的事務都有一分成就和滿意的態度。

第五節　小結

永業管理是個人能力和企業工作機會的長期配合,從另一角度,也可說是員工與企業長期雇用關係的發展。本章先從個人永業的形成背景加以介紹,進而分析企業在永業路徑應做的規劃工作,最後透過永業諮商的過程,使員工個人能力條件興趣與企業所提供的機會得以配合。當然,永業路徑的建立並不限於職位頭銜的晉升,而可以從薪給的調整、工作內容的豐富化、工作重要性的提升加以排列。

從策略管理的角度,若求創新,永業路徑勢必寬廣,若只求提高品

質或降低成本，永業路徑可能比較狹窄。如**表 13-1** 所示。

表 13-1　策略、理念和永業路徑

永業發展	策略方式		
	投資創新	參與決策提高品質	吸引員工降低成本
永業路徑	寬	窄	窄

第十四章
員工的訓練和發展

員工訓練和發展的主要目的在增進員工的知識、技術和能力，改變員工的態度和信念，進而提高員工的績效水準。員工訓練通常偏重短期的技術傳授或知識灌輸，而員工發展則偏向於長期個人潛力的培養發揮與價值觀念和態度的改變。員工訓練和發展的需要通常從績效的不足著眼，但若從長期著眼，員工個人觀念和企業文化的配合是更重要的，也唯有企業文化和員工信念的一致，團體效果才會發生，企業的競爭優勢才得以發揮。

第一節　員工訓練和發展的特質和需要

所有的企業都在訓練其員工，其目的不外下列幾點：(1)給予新進員工始業訓練，使其適應；(2)維持員工的工作能力和績效；(3)提高員工的工作能力和績效；(4)培養員工接受新工作能力；(5)調和員工信念和價值觀。不管企業的規模大小，員工訓練發展大部分都發生在工作上，隨著科技進步和工商業競爭之激烈，企業當問自己，我們在進行何種訓練，這些訓練發展如何發生的，是否有效，訓練發展成本又是多少；企業不能為訓練發展而訓練，企業訓練發展當透過企業人力資源策略，而與企業的策略目標連在一起。所以訓練發展只是一項過程，它包括許多步驟和程序，而不是單獨分設的工作。更重要的是訓練發展在增進員工能力

和績效，調和其等信念和價值觀，使其員工行爲自然趨於一致，合於企業工作上的要求。加強員工信念，提高員工績效的方法很多，訓練和發展自然也應針對這些方法提出不同的訓練發展計畫，而不應單限於知識和技術的傳授。知識和技術能力只是決定績效的必要條件，但不是充分條件，員工績效要好，還要看員工的態度和激勵。這些都說明訓練發展本身不是目的，訓練和發展的工作必須和人力資源策略目標連在一起，訓練發展才有層次，也才會落實。在**圖 14-1** 中，根據企業的目標、策略、文化，而有人力資源策略，在這個策略下，需要何種員工及行爲表現，爲要達到需要的行爲表現和態度，才擬定訓練發展計畫、在這個計畫下，有訓練發展方案、訓練發展的方法及執行、以及訓練發展方案的評估，最終則要評估整體訓練發展計畫的效果，這兩個層次的評估效果一定要做，也唯有如此，每個項目的訓練發展才會與整體發展計畫相連，而整體計畫又與人力資源策略相一致。

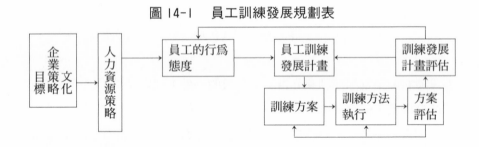

圖 I4-I　員工訓練發展規劃表

第二節　訓練發展需要的確認

訓練發展需要的確認就是訓練發展目標的確定，這是任何規劃作業不可缺的活動。訓練發展目標的確定可以從下面幾點著手：

1.行為或工作績效差異的存在

　　行為或工作績效差異是指實際行為或工作績效和計畫的行為或工作績效的差異。前者來自於工作績效評估、態度意見調查等，後者則來自人力資源策略和人力資源規劃。實務上而言，企業可以從單位生產、單位成本、安全紀錄、缺席率、能力測驗、個人態度調查、員工意見箱、員工申訴案件、工作績效評估等指標，了解企業現有員工的行為、態度及其工作績效。而人力資源策略及規劃可以從企業的角度分析所追求的員工行為和績效水準與整體員工的表現，這多偏重於企業整體標準的分析和建立，而工作分析和個人需要分析則著重於個人與標準的差異。尤其在績效規劃或目標管理的過程中，取得員工對行為和績效差異的認同，增進員工個人改進的意願。

2.績效差異的重要性

　　只有績效和行為差異對企業有負面不良的影響時，這個績效和行為的層面才值得重視，進而加以分析。這個績效層面的重要性自然要看企業目標和方向而定，這多半由企業上層主管決定，當然差異若長久存在也不是健康現象，所以有進一步分析的必要。

3.訓練發展員工是否最佳途徑？

　　當工作績效和行為差異是因為個人能力不足，或因員工態度信念不合，或主管不積極參與員工訓練發展所引起，員工或主管的訓練發展便可能是最好的方法。因為訓練發展可以提高員工能力，也可以改變員工處理事務的態度和觀念，尤其是員工態度和觀念的培養。這種態度和觀念的學習，一方面必須得到主管的贊助，更重要的是這些觀念和態度須與企業文化相一致，也唯有如此，這些學習才有效果，所學習的行為和觀念才能發揮。訓練發展是否為有效途徑的另一個考慮是訓練發展成本和績效差異所造成損失的比較，若不經過這個比較，將會導致訓練發展邊際效用的減少，使最終效用受到影響。

第三節　訓練發展方案的形成

在訓練發展需要的確定過程中，訓練發展的對象和其需要改進的行為或績效層面，經過分析後便加以確定。接下來便是訓練發展部門的工作，擬定訓練發展方案，其中包括時間、訓練個體目標、訓練發展內容和預算。

一、訓練發展方案目標的確定

訓練發展方案目標是根據訓練發展需要的確認而來，每個目標都應清楚列出下列三項要素：

(1)訓練後績效或行為要求標準的敍述；

(2)在何種狀況下，這個績效標準可以加以運用；

(3)衡量上述績效或行為標準的方法及尺度。

訓練發展目標又可分下列五大類：

(1)知識的獲得：即訓練結束後，受訓者應知道的教材內容。

(2)態度的改變或加強：受訓者持有特定的認知和態度。

(3)技術的獲得：指受訓者在執行某項工作，有一定的程序和方法。

(4)工作行為表現：指在一定工作情境下，受訓者有一特定的行為表現。

(5)企業目標：指整體部門或企業應有的績效表現。

二、訓練發展方案的內容及方法

訓練發展內容指實際訓練教材及其傳授的次序，這一點多半與訓練

發展目標和受訓者的需要有關。至於訓練發展方案可分正式訓練和在職訓練兩大類：

1.正式訓練

⑴一般傳授：指學習者單方面的學習方式，通常包括閱讀書目、函授、電影、課堂講授、或專家討論等。這種方式，學習者不必太多準備和參與，適合傳授一些知識。

⑵單元教學：指教材編排成一系列單元，學習者按著自己的學習能力和進度，作答預先設計的問題，通常這種教材需要電腦器材的輔助。

⑶討論會：通常由小組組長帶領學習者一起討論一個問題，並試圖達成解決問題的方案。

⑷訓練小組：又稱T小組(T Group)，訓練的重點不在討論實質問題或內容，而在強調參與討論者的團體行為，尤其著重討論者的個人情感，這往往需要溝通的技巧和參與討論者相互的信賴。訓練小組和討論會一樣，主要是讓參與者學習處理知識的能力，而不是知識的本身。

⑸個案研究(Case Study)：有如討論會，參與者都貢獻己見，但所討論的問題並不空泛，而是實際個別問題的處理。由於是實際問題的討論，參與者必須熟悉個案的背景及問題，討論才會有意義。

⑹角色扮演(Role Play)：參與者扮演實際個案的角色，盡量揣摩角色的內涵。角色扮演後，有小組成員間的相互回饋，如此可使學習者設身處境，真正了解問題的多面性，進而客觀地解決問題。

⑺籃題訓練(In Basket)：這與角色扮演相似，所不同者乃在籃題訓練中，扮演者必須做一連串的決定，進而參與學習者相互之間的回饋討論。

⑻模擬操演(Vestibule)：將實際工作內容或程序在教室內模擬，讓參與者有親自操練的機會。

⑼企業遊戲(Business Game)：將整個企業運作，用經濟和成本的

觀念,模擬操作以視企業整體經營的狀況,這種遊戲通常有一定規則和假設,並透過電腦輔助,產生模擬的效果。

上述教學訓練方法大致可歸納爲三類,一是知識的灌輸;二是知識的處理;三是狀況的模擬操練。一般傳授和單元教學屬於知識的灌輸,這兩種教學方式最常用,因爲這種教學方法成本低,可訓練的人數也比較不受限制,所需要的時間也短。如果受訓者眞有心學習,效果會更好。可惜的是,這種訓練方式所遭遇的困難是學習者無心,教學者難以考慮學習者個人的需要和程度。

討論會和訓練小組屬於知識處理類,適合提升學習者的知識水準,尤其是比較深奧的知識,在這種討論環境中,也比較有鼓勵學習的作用。此外,這類的訓練方法也有改變態度的效果,當參與者聆聽別人的想法見解,參與者多多少少會對自己的想法做某種程度的調整,加上參與者相互討論交換意見,其等又可學習到溝通的技巧。

個案研究、角色扮演、籃題訓練、模擬操練、和企業遊戲均屬模擬操演類別。這種類別的訓練方式,最適合發展學習者的技術,其如此乃在這些學習方式提供學習者操練的機會,操練次數愈多,學習效果也愈大。

基於上述分析,要求良好訓練效果,多種混合學習訓練方式似有必要,因爲行爲模式(Behavior Modeling)變成一時風尙。行爲模式是將上述三種教學類別融合在一個訓練方案內,並針對工作分析,將學習內容分成單元,使學習者不但按自己進度獲得知識,透過不同訓練方式的回饋,加強學習效果。

2.在職訓練

在職訓練,顧名思義是在工作的同時,員工也接受指導和訓練。換言之,工作和學習同時發生。這種訓練方式通常著重特定的知識、技術和工作方法。由於工作與學習同時發生,這種訓練又稱爲非正式訓練。

一般包括下列三種方式：

　　⑴教練(Coaching)：學習者的上司通常就是訓練者，上司就像一個榜樣，在日常工作中，給予下屬指導、協助和回饋，使學習者在這種關係中，達到學習的效果。

　　⑵工作分派(Special Assignment)：指刻意分派員工參與委員會、計畫案、或特定工作。這種分派都是暫時性的、短期的，好讓學習者接觸到其日常工作範疇外的問題。

　　⑶工作輪換(Job Rotation)：指有系統地逐次將學習者分派到不同的工作上，使其接觸到企業不同的作業或層面，也了解到企業不同的專業系統。在每一個工作崗位上，都有專人提供教導的工作，這種訓練通常在培養通才，以爲日後上層管理人員儲備。有些企業也針對剛從大學畢業的員工，予以工作輪換，最後才分發到其正式的單位工作，這種安排往往可增進部門的協調運作。

　　非正式訓練和正式訓練是具有互補作用。非正式訓練往往強調直接的學習效果，尤其是行爲的改變和企業成績的達成，而正式訓練強調知識、技術的獲得和態度的改變。正式訓練的轉移效果低，學習後不見得就用得上，非正式訓練的轉移效果則高。相反地，正式訓練的效果比較容易控制。非正式訓練與日常工作混合在一起，難以評估控制，這並不意味非正式訓練沒有效果，而是對非正式訓練必須有效規劃，掌握學習的環境，以證明學習的效果。

三、學習原則的應用

　　訓練即是學習，在擬定訓練內容及方案時，也必須考慮學習原則，增加受訓者的學習效果。

1.目標的設定

學習目標設定可以使學習者和教學者的努力集中。此外藉著學習的整體目標，教學者可在訓練過程，給予次級學習目標，使目標具體化。當目標愈具體，學習者愈努力完成，效果自然愈高。

2.操練

操練可以使學習者看見並改正其錯誤或偏差，學習效果自然因操練而增加，所以訓練方案應時時提供學習者操練的機會，過度學習的效果證明了多操練並無不可。

3.回饋和加強

尤其是正面的加強，使學習者傾向原先學習的動作或行為。負面的回饋，必須應用在適當的場合，要具體而微，而且要由有訓練的教學者善加運用，否則負面的回饋會發生反效果，引起學習者的防衛行為，阻礙學習。

4.學習的激勵

學習者會對有興趣的或在有獎勵報酬的環境下學習。所以教材若能引起學習者的興趣，效果自然會好。學習好的結果有獎勵，也會提高學習者的認真程度。當然害怕學不好，在某種狀況下，也會產生努力學習的行為。重要的是，適當的激勵是有效學習的先決條件。

第四節　訓練發展方案的評估

訓練方案工作若能具體化，訓練結果的評估也就可以按照訓練個別工作分別進行。評估一個訓練工作成果應考慮下面幾點：

一、參與者的評估

最基本又簡單的評估方式是要求學習者表示其等參與學習的反應。

這個簡單的意見調查或評估表通常針對訓練方案的執行，其中包括教學內容、教導者的傳授能力、訓練方法、學習環境等。但是這種方法只是學習者對訓練方案執行的反應，並不能眞正得知學習者是否學習到應學的功課。

二、訓練效果的實驗設計

要評估學習效果就必須比較學習前後學習者的改變情形。其中包括衡量標準的選定、衡量方法、以及衡量的時間。

1.衡量的標準

事實上，在訓練方案決定時，訓練的目標就已經設定。只是在這個評估階段，這些目標應比較具體切實，如員工的單位生產、態度評分、意外事件的次數等。

2.衡量的方法

筆試可以測驗知識是否獲得。態度量表可以檢驗態度的改變。工作樣本(Work Sample Test)可以檢定技術的高低。行爲改變可透過績效評估來確定。企業整體目標的達成也可用生產力、生產報告、單位成本、離職率來衡量。

3.衡量的時間

訓練即在改變學習者，要衡量改變就要有時間先後之分，也就是訓練前後的不同。在知識和技術取得上，衡量時間的差距小，學習者在學習前和在學習結束後立刻有測驗檢定。但行爲、態度的改變或者是企業整體目標的完成，在前在後的衡量時間差距就比較長。不管時間長短，比較訓練前和訓練後的衡量結果，是唯一檢定訓練效果的方法。

三、訓練發展的眞正效果

有了衡量標準和方法，並在不同時間衡量學習者的改變，我們應進一步要問，這個改變是不是訓練的結果還是其他因素所引起。**圖 14-2** 說明了控制衡量差異的重要性及其方法。

圖 14-2　訓練衡量之實驗設計

實驗方法	需要組數		實驗過程		
1.訓練前後衡量	1		X_1	T	X_2
2.時間序列	1		X_1X_2	T	X_3X_4
3.訓練前後控制	2	(R)	X_1	T	X_3
		(R)	X_2		X_4
4.時間序列控制	2	(R)	X_1X_2	T	X_5X_6
		(R)	X_3X_4		X_7X_8
5.訓練後控制	2	(R)		T	X_1
					X_2
6.所羅門四組	4	(R)	X_1	T	X_3
		(R)			X_4
		(R)	X_2	T	X_5
		(R)			X_6

　　　T：訓練　　　1，2，3，…，8：時間順序

　　　X：衡量　　　R：隨機抽樣

1.訓練前後衡量

這是最普通的作法，只要 X_1 和 X_2 之間有顯著不同，就證明訓練有效。

2.時間序列

　　這種設計將時間因素列入考慮，學習者本身可能就在改變，不管其等是否接受訓練，所以在訓練前後多做幾次衡量，只要發現訓練前的變化和訓練後的變化兩者差異顯著，這項訓練就有效。在這個例子中，X_1和 X_2 之間的差異是訓練前的，X_3 和 X_4 之間的差異是訓練後的，這兩個差異之間應有不同，才能證明訓練有效。

3.訓練前後控制

　　有時候改變是全面性的，接受訓練的在改變，沒有接受訓練的也在改變。所以在方案設計上分成兩組，都是隨機抽樣選出來的，證明這兩組原先並無特定差異。一組是控制組，另一組是實驗組，在訓練過程中，只有實驗組接受訓練，控制組則無。所以當只有實驗組改變時，而控制組仍和以往一樣沒有改變，受訓者的改變顯然是訓練所造成的。

4.時間序列控制

　　這是時間因素和控制因素的綜合設計。由於有控制因素，所以有兩組，一組爲控制組，一組爲實驗組。兩組的產生照樣是以隨機抽樣方式進行，只有實驗組接受訓練，控制組則沒有。當實驗組在訓練前後有明顯差異時，而控制組仍然沒有差異時，訓練的效果就可以證明了。換句話說，X_1 和 X_2 之間的差異和 X_5 和 X_6 之間的差異相比時，若兩個差異有區別，就表示實驗組有訓練前後的差異。若 X_3 和 X_4 之間的差異與 X_7 和 X_8 之間的差異不顯著時，就表示控制組沒有變化，也只有在這兩個組的條件都成立時，這個訓練才算眞正有效。

5.訓練後控制

　　有時候測驗衡量本身有瑕疵，使接受測驗的人員在接受第一次測驗後更能應付相類似的測驗，這就像模擬考試一般，有增進應付測驗的能力。爲了避免這種不良效果，測驗衡量並不在訓練前進行，而只是在訓練後才加以測驗。爲了要證明訓練有效，必須有兩組加以比較，所以若

接受訓練的實驗組比沒有接受訓練的控制組要好,那就表示訓練有效。

6.所羅門四組

這是綜合訓練前後的衡量控制方法,是第三種和第五種的混合設計,其主要目的仍然在提高一項訓練有效性的衡量精確程度。

首先在所羅門四個組別中,每個都是經由隨機抽樣決定的,所以每組都有代表性,也可以相互比較。其中兩組屬實驗組,在訓練前後均接受衡量,另外兩組為控制組,只有在實驗組接受訓練後,與實驗組同時接受衡量。如果實驗組的成績比控制組好,這證明訓練很有可能是有效的。如果實驗兩組之間成績相當,而控制兩組之間的成績也是不分上下,那麼證明測驗衡量並沒有瑕疵,測驗本身並沒有影響測驗的成績。所以所羅門四組不止在檢定訓練的效果,也在預防測驗的瑕疵。

前述六種設計,只是在協助鑑定一項訓練是否有效。一般來說,訓練前後控制的方法最為企業所普遍採用。但真正使一項訓練發生功效,仍在方案的規劃、訓練目標和方法的選擇、以及學習原則的應用,而不在檢定方法的精確。

第五節　小結

訓練發展的工作是有其必要,其被忽視乃在訓練發展本身欠缺明朗的目標。本章特別強調發展訓練目標的建立以及目標與人力資源策略的關係,並進一步分析訓練發展的需要。一旦目標確定,需要明顯,訓練方案的規劃是必要的程序,在這裡管理的計畫、執行、考核和再執行的連鎖觀念依然適用。不僅如此,本章特別介紹訓練方案的鑑定方法,為的是真正建立訓練方案的有效度,得到有關人員的重視,真正發揮訓練發展的功能。由於訓練發展隨時都發生,如何安排有效的學習環境也是重要課題,加上一般理念和態度的改變,更需時間和環境的搭配,才能

發揮潛移默化的效果。

　　從策略管理的角度看，不同的策略也會有不同訓練發展。**表 14-1** 表示這個連鎖關係。要能有投資創新的成果，訓練發展是長期的，應用內容要廣泛，但衡量上常有困難，要員工能提高品質，需要適度的訓練方案，若要降低成本，訓練發展則趨於特定的教學內容，短期的集中訓練，這種做法在衡量效果上也比較容易。

表 14-1　策略、理念和訓練發展作業

訓練發展	策略模式		
	創新投資	提高品質參與決策	降低成本吸引員工
應用性	廣泛	中等	特定
學習所需時間	長期	中期	短期
衡量性	困難	中等	容易

第十五章
企業薪酬制度

　　在人力資源管理制度中，薪酬制度是非常重要的一環，因為它直接關聯到企業與員工間的工作關係。員工為何在企業工作、或企業為何能使用員工的才能與勞動力去完成其目標，皆基於薪酬的問題。

　　概括地說，薪酬泛指企業因員工工作關係而提供的各類財務報酬，包括薪金、福利及員工優惠等。薪酬是包括多方面的，**圖 15-1** 簡介常用的薪酬形式。但需注意的是薪酬只是員工報酬中的一環，員工的報酬亦包括非金錢上的報酬，如工作滿足感、成功感等等。

圖 15-1　　薪酬的形式和範圍

　　對於企業和員工來說，薪酬皆存在著重要意義。就企業而言，薪酬通常都是生產成本的重要部分，在製造行業中，薪酬可高至企業的生產成本 40%，而在服務行業中，員工薪酬更可高達 70%。此外，對企業來

說，薪酬也是影響員工工作態度和行為的重要途徑。事實上，現存的激勵理論中，大多數都是直接與薪酬制度有關的。因此薪酬制度若設計和運行恰當的話，可促使員工對企業更有滿足感以及工作上有更好的表現，若處理失宜的話，則直接打擊員工士氣及其積極性，並與其缺席率和離職率有緊密關係。因此，不論從財務角度或人力資源管理角度來看，薪酬都是企業的一個重要決策，特別是在現今競爭激烈的社會，生產成本和員工表現皆直接影響企業的競爭能力。

對員工來說，薪酬亦存有雙重意義。首先，它是對員工所付出的時間和勞力的一種報酬，是建立一個互利的交換關係，以致員工能應付生活上的需要。第二，薪酬亦存在著一種象徵性意義(Symbolic Meaning)，代表員工在企業中受重視的程度。因為從其薪酬的多少，員工便能推測其在企業的重要性和價值，而在一個物質主義的社會中，薪酬亦無疑影響到員工的自我觀念。因此，公平的原則(Equity)是薪酬制度中最重要的概念，因為它直接影響員工的物質報酬和自我觀念。

由於公平的原則是薪酬制度中最重要的概念，所以本章和下一章皆以它為理論的架構。公平原則可應用於三方面：對外的公平(External Equity)、對內的公平(Internal Equity)、和員工間的公平(Employee Equity)。對外公平是指企業的薪金水平(Pay Level)是否與同類型企業的薪金水平相稱，對內公平是指企業內各種不同工作類型間的薪金結構(Pay Structure)是否合理（例如工程師與技術人員的薪金差距是否合理）。員工公平是指企業內工作相等的員工間，他們的薪金是否公平（例如在銷售部門，銷售員甲所得的薪金，與銷售員乙的薪金相比時是否公平）。這三種公平的原則，應用於企業的不同層面，對外公平是企業與企業間薪金水平的比較，對內公平是企業內不同工作類別間的薪金比較，員工公平是在同一類型工作中，不同員工的薪金比較。**圖 15-2** 提供薪酬制度的基本模式，作為本章及下一章的討論提綱。

圖 15-2　薪酬制度的模式

概　念	方法及政策	薪酬目標
對外公平──→	勞動市場的界定、市場調查 薪金水平和政策	增進工作效率
對內公平──→	工作分析、工作描述、 工作評價、薪金結構	減低勞動成本
員工公平──→	年資加薪、績效增薪、 加薪政策、獎勵制度	遵守法律規定
制度管理──→	控制、預算、傳遞、參與	

　　整個薪酬模式的介紹，將分別在本章及下一章討論。本章先討論企業的薪酬制度，探討企業如何根據對外公平及對內公平的原則，設計及建立一個合理的薪金制度。另章將探討薪酬制度的正確運行，根據員工公平及制度運行的概念，去達到企業薪酬目標。

第一節　薪酬制度目標

　　在討論薪酬制度的概念和政策前，必須先了解和確認薪酬制度的目標。每個企業都應按著個別情況而制訂個別薪酬制度的目標。訂立薪酬目標乃企業一個重要決定，由於企業每年都會遇到成千上萬與薪酬有關的問題，明確的薪酬目標可提供這些問題一致性的參考。此外，若薪酬制度目標不同，企業可制訂完全不同的薪酬政策（如年資增薪或業績增薪），達到不同的效果，因此薪酬目標應與企業目標、策略和文化配合。但一般來說，企業薪酬目標可分為三大類：

1.提高員工工作效率

　　有效和合理的薪酬制度，不但可吸引更高素質的員工及減低員工的流失率，更可激勵員工，使他們工作更有效果。

2.減低生產成本

一個合理的薪酬制度，對企業的生產成本有著直接影響，因爲勞工成本乃企業的重要費用。通過勞工市場的研究、薪酬制度的正確運行和監督，企業往往可省去一些不必要的開支，而同時保持相等的工作效率。

3.法規的遵行

一個合理的薪酬制度，應兼顧法規的要求，可以減低被員工控告的可能性，因爲所有政策依法行事都有合理的根據。

第二節　薪酬制度的概念和政策

對外公平的概念，其目標在於以外在勞動市場爲參考，建立一個適用於個別企業的薪金水平政策，以確保企業在勞動市場的競爭能力(External Competitiveness)。當企業釐定薪金水平後，對內公平的原則，乃確使企業內不同職位間薪金的一致性(Internal Consistency)，最終的目的是要建立一個合理的薪金結構。但在應用這二個概念時，企業通常都需要一些方法和政策去實行。從概念以至政策的應用，乃本節的重點。

一、對外公平及薪金水平的釐平

薪金水平乃指企業員工的平均薪金。當企業釐定其薪金水平時，他們可作三個抉擇：(1)超出競爭企業的水平(Lead)；(2)相應於競爭企業的水平(Match Competition)；(3)低於競爭企業的水平(Lay)。

1.超出競爭企業的水平

企業使用高於競爭企業薪金水平的目的，乃在於增加其吸引及保留優良員工的能力，並希望藉此減低員工對薪金的不滿。通過優厚的薪金，這些企業相信他們能夠揀選勞動市場上最優秀的員工，透過員工的更有

效率工作，企業業績更佳，從而抵消員工的高薪開支。

2.相應於競爭企業的水平

　　大多數企業是採用此薪金政策，其目標是藉著均等的薪金水平，企業能吸引及保留稱職的員工，使企業能在其他方面（如產品品質）與其他企業競爭。

3.低於競爭企業的水平

　　此政策雖減低企業在勞動市場的競爭能力，卻減低其勞工成本。有時企業可藉著其他途徑（如超時工作、工作保障、升職機會、工作環境等）去抵消低薪金水平的負面影響。

　　這三個薪金水平的選擇，都會影響到企業招募能力、保留員工能力、勞工生產成本、員工對薪金的滿足程度、以及企業生產力等因素。企業必須按著勞工市場的供求、企業的競爭策略、企業文化和企業的財務情況作抉擇。但無論企業選擇那一個方案，他們都必須根據勞動市場調查的數據和分析，釐定企業的薪金水平。

　　在進行勞動市場調查之先，企業首先要定義勞工市場的範疇，因為在不同的產業中（如電子業或汽車業）和不同的職位中，其勞動市場的範圍也不相同。在實際上，勞動市場的定義並不是一個難題，因為大多數企業都不是自行作勞動市場調查，而是從顧問公司或政府部門購買或獲得數據的。

　　一般來說，企業不可能得到所有工作類型的勞動市場資料。因為市場調查只集中一些常用、固定及可供比較的工作類型，它們被稱為標準工作(Bench Mark Jobs)。常用的標準工作包括文書、設計工程師、廠房人事部經理等。市場調查所提供的資料，包括標準工作的工作描述、調查的樣本、調查樣本中對某標準工作所提供的最低、平均、及最高薪酬等。但在使用這些數據時，企業必須注意幾個問題：(1)企業的主要競爭者是否包括在調查樣本中？(2)標準工作的內容是否與企業的同類工作

相同？⑶調查數據是否合理和合時？

　　市場調查所提供的數據，經常包括幾個標準工作的薪金分佈圖。**圖**
15-3 以五個標準工作爲例，說明企業如何使用這個資料去釐定其薪金水
平線(Pay Lvel Policy Line)。若企業選擇以相應於競爭者的薪金水平
爲政策，其薪金水平線應定於這些標準工作的平均薪金；若企業選擇高
於或低於競爭者的薪金水平，其薪金水平線應相對提高或降低。

圖 15-3　　薪金水平線的釐定

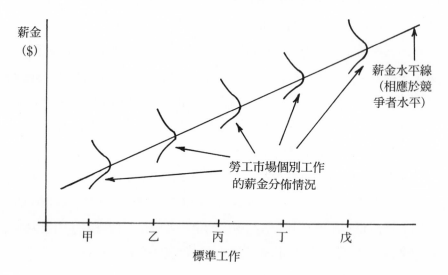

　　當企業薪金水平線釐定後，下一步便是將企業內其他非標準工作亦
列在甲、乙、丙、丁、戊等標準工作比較（例如某工作應放在甲與乙之
間還是乙與丙之間），從不同工作間有合理的排列分佈，如何進行這項工
作，便是內在公平原則的應用和薪資結構釐定的問題了。

二、內在公平及薪金結構的釐定

薪金結構乃指企業內不同工作類型間的薪金比較和等級。當企業從市場調查得到一些薪金水平參考後，如何將企業內非標準工作和標準工作合理地建立一個薪金結構，便是另一個重要課題。根據企業的競爭策略和文化，薪金結構可依不同的準則和形式建立起來。

1.薪金結構的重要性

薪金結構對員工的工作態度和工作行為有著重要影響。如**圖 15-4** 所示，重要的影響包括員工的去留、員工的受訓和晉升的激勵性、以至員工對薪金的滿足程度、工作表現、罷工等等。

圖 15-4 薪金結構對員工的影響

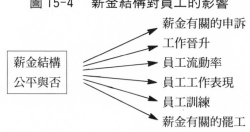

薪金結構
公平與否

→ 薪金有關的申訴
→ 工作晉升
→ 員工流動率
→ 員工工作表現
→ 員工訓練
→ 薪金有關的罷工

2.薪金結構的形式

薪金結構可概括地分為兩大類：平坦形(Flat Structure)和高峭形(Steep Structure)。平坦形的薪金結構特點為薪金層數少以及薪金差異低。這一類的結構較為簡單，高級員工與低級員工薪酬相差不太大，較適用於一些以平等為主的企業文化，但這類結構對於員工晉升的激勵和接受訓練以獲得晉升的激勵較低。高峭形的薪金結構則微細地劃分員工薪金等級，以致高階員工與低階員工的薪酬一般相差較大，而員工的薪

金調整次數亦較頻密。此結構的優點在於提供員工在晉升和受訓方面更多的激勵，亦減低員工因永業途徑不足而外流的機會。

但在選擇那一類型的薪金結構時，企業的重要關鍵在於配合整個企業的競爭策略和文化，以及與其他人力資源管理作業的吻合。

3.薪金結構設計

任何的薪金結構都包括兩部分，就是工作類別和工作類別中的等級劃分。**圖15-5**以一個企業爲例，說明一個典型薪金結構的組成部分。

圖15-5　薪金結構的組成舉例

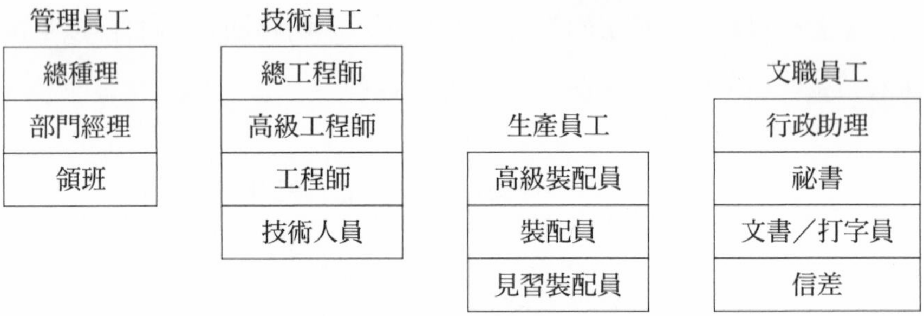

管理員工	技術員工		
總種理	總工程師		文職員工
部門經理	高級工程師	生產員工	行政助理
領班	工程師	高級裝配員	祕書
	技術人員	裝配員	文書／打字員
		見習裝配員	信差

如何決定不同工作類型的平均薪酬和同一工作類型中不同等級的薪酬，乃是本節重點。例如部門經理與領班薪酬的差距應多少？部門經理與高級工程師的薪酬比較又如何？企業一般使用兩個不同的方法解決這個問題：以人爲本的薪金制(Person-Based Pay System)或以工作爲本的薪金制(Job-Based Pay System)。

以人爲本的薪金制，乃根據員工所具備的一些條件（如技術、知識、能力、經驗或年資）決定其薪金水平。但比較普遍的，乃是以員工的知識爲薪金的標準，稱作知識爲本薪金制(Knowledge-Based Pay System)。知識爲本薪金制以員工所擁有一切與工作有關的知識作爲員工薪金水平根據，而不按員工的工作類型分野，此薪金制目的在於增加企業

的靈活性，因為員工可從事不同的工作而不影響其薪酬。此外，制度亦直接鼓勵員工不斷學習新知識和技術，即使有時員工所學的新知識和技巧，學有所不能立刻用。隨著員工知識和技術增加，企業便可更靈活調動員工，減少瓶頸的情況出現。此制度最適用於強調團隊精神（家族式文化）和靈活性（發展式文化）的企業文化，但以知識為本的制度，卻經常使企業的培訓費用大大增加。

以工作為本的薪金制，乃以員工從事的工作為根據，決定員工的薪金。因此，此制乃建立於工作分析和工作描述，然後作出工作評價(Job worth)。工作評價乃根據工作分析，有系統地比較及評核各類工作的內容和價值（對企業的貢獻）。**表 15-1** 簡略比較以人為本及以工作為本薪金制度的異同：

表 15-1　以人為本與以工作為本薪金制比較

	以人為本	以工作為本
薪金結構	基於員工的技術或知識	基於員工從事的工作
企業角度	員工與薪金相連	工作與薪金相連
員工角度	藉著學習新技術或知識提高薪金	藉著晉升提高薪金
薪金的釐定	評核技巧／知識→評價技巧／知識	評核工作內容→評價工作
優點	靈活性團隊精神	工資基於工作應得價值付出、成本控制易
缺點	成本控制難	不靈活

在工作評價的過程中，評價的目標、評價的人員和評價的方法乃基本必須決定的問題。

由於工作評價強調一個有系統及理性化的評核過程，所以首先要決定的問題是工作評價的目標是甚麼？因為工作評價的目標往往影響工作

評價的內容和方法。

評價的人員，除了專業的人事管理人員外，工會、員工及其他管理人員的參與，也有助於員工對釐定薪金結構的認定及對其制定過程之信任。企業可透過薪酬委員會，使其他經理、員工及工會參與工作評價。

評價的方法，常用的有四種：⑴排列(Ranking)；⑵分類(Classi-fication)；⑶因素比較法(Factor Comparison)；⑷點數法(Point method)。四種方法主要分別在於兩方面：a.評價的根據：是工作與工作相比還是工作與預定標準相比；b.評價的方法：是主觀和非數量化還是客觀和數量化。**表15-2**將四種方法予以劃分和比較。

表 15-2　四種常用工作評價方法比較

比較方法	主觀／非數量化	客觀／數量化
工作與工作比較	工作排列法	因素比較法
工作與預定標準比較	工作分類法	點數法

工作排列法是主觀地把企業內所有工作按其價值比較和排列。工作分類法是主觀地把企業內所有工作按已定的類別分類。因素比較法是把企業內所有工作，按著一些因素客觀地比較其重要性。點數法與因素比較法一樣，都是按著一些客觀標準評價企業的工作，不同的是，點數法不是將企業的工作互相比較，而是把企業的工作，各自按著其在各因素中所得的分數，並按著各因素的比重總和。以下將四種方法分別加以敘述，但最重要的是，這些方法的目的，都是嘗試合理地和有系統地把企業的工作加以比較而訂出相對應的價值。

⑴工作排列法乃最簡單、便宜和快捷的評價方法，也是最少被推薦的方法。其方法乃主觀地把企業工作的重要性直線排列，從最重要至最

不重要，然後編排成薪金結構。但是，這方法過於主觀和籠統，另外評價人員亦必須熟識企業內所有工作，對大企業來說，幾乎是不可能的事。

(2)工作分類法乃根據工作描述，把各工作按已定的類別分類。這方法好比圖書館的書架，工作人員只把各圖書按已定的類別分類。每一類的工作，通常都有定義描述這類別的工作特性，並有一些標準工作作爲參考例子，以便分類。這方法廣泛應用於政府機關，也適用於管理階級、工程師或科技人員。工作分類法的最大困難，就是如何建立工作類別，因爲工作類別必須定義清晰，一方面必須能概括地把工作分類，另一方面也必須提供詳細資料以作分類指引。

(3)因素比較法根據兩個準則計算工作價值：a.一些值得報酬的因素(Compensable Factors)；b.一些標準工作的薪金或薪金點。值得報酬的因素，泛指一些與工作有關，並可作爲工作價值比較的因素。工作技能、責任、工作環境等都是常用的因素。

因素比較法比工作分類法來得複雜，典型的作法如下：（請參閱**表15-3** 爲例）

a.選擇一些值得報酬的因素作爲評價標準（如智力需求、體力需求等）。

b.根據勞工市場調查，選擇一些標準工作（如文書、建築工人、工程師）。

c.把這些標準工作按次序排列於各值得報酬因素下，如那件工作是最需要運用智力去執行工作？那件工作需要較少？如此類推。

d.將標準工作的薪金（按市場調查和企業薪金水平）分配在各個值得報酬因素中。如文書每小時薪金爲 6 元，那麼這薪金應如何分配在各個值得報酬因素中；例如在文書的時薪中，3 元是付給智力需求，1 元給體力需求，1 元是給經驗／技能要求，1 元是給監管工作。

表 15-3　因素的比較法的例子說明

價值（每小時）＼值得報酬因素	智力需求	體力需求	經驗／技能	監　　管
$1.00	建築工人	文書	文書	文書、建築工人
2.00		工程師、人事部主管	建築工人	
3.00	文書			
4.00				
5.00			人事部主任	工程師
6.00	人事部主管	建築工人	工程師	
7.00	工程師			人事部主管
8.00				
9.00				

　　e.建立一個薪金結構表（如**表 15-3**），按著值得報酬因素和薪金的資料，把標準工作填入表中。

　　f.最後將非標準工作逐一填入表中，如企業應付多少薪金給人事部門主管？於是根據工作描述，將人事部門主管的工作，按著每一值得報酬的因素，逐一與其他標準工作比較。例如在人事部門主管的工作中，智力需求是低於工程師，但高於文書，應值 6 元。如此類推，逐一比較，結果人事部門主管的時薪應值 20 元。雖然與工程師一樣薪酬，但他們的報酬組成，各有不同。

　　因素比較法最大的缺點爲複雜和費時費力，但釐定薪金結構卻非常合理和客觀。

　　(4)點數法與因素比較法同樣複雜，它是根據三個考慮訂立薪金結構：a.值得報酬因素（與因素比較法一樣）；b.每個值得報酬因素中的使用重要程度（例如：“1”表示不重要，“5”表示非常重要）；c.值得報酬因素之間的相對價值（如智力需求比體力需求有更高價值）。

　　與因素比較法不同，點數法是以每個工作獨立計算而不互相比較。以**表 15-3** 為例，點數法是以下列方法評價人事部主管工作：

　　a.列舉值得報酬因素。

　　b.分析該工作在值得報酬因素的重要性（如人事部主管在智力需求為"4"、體力需求為"1"等等）。

　　c.再根據各個值得報酬因素間的權數，建立一套薪金點折算表。如智力需求因素中的"1"值 50 點，"2"值 100 點，"3"值 150 點等；而體力需求因素中的"1"則值 10 點，"2"值 20 點，"3"值 30 點等。

　　d.於是根據b.和c.，總合各個值得報酬因素的權數薪金點，便能得出一項工作的總薪金點。

　　e.根據標準工作的薪金水平，訂立薪金點與薪金換算表。如此類推，所有非標準工作，都能以同樣程序，計算出該工作的價值。

　　點數法在私人機構中最為普遍，特別是因為美國一顧問公司(Hay Associates)已根據世界五千多家企業建立了一個相當健全的制度，稱為海迪制度(Hay System)，所以為企業所樂於採用。以上四種工作評價方法，其最終目的都在建立一個合理的薪金結構，就是藉著市場調查所得的標準工作（甲、乙、丙、丁、戊）資料，與企業內其他非標準工作(A,B,C,D,E,F)比較，而訂出一個完整的薪金結構。**圖 15-6** 以**圖 15-3** 為基礎，說明薪金水平和薪金結構的關係。

圖 15-6 薪金水平和薪金結構的建立

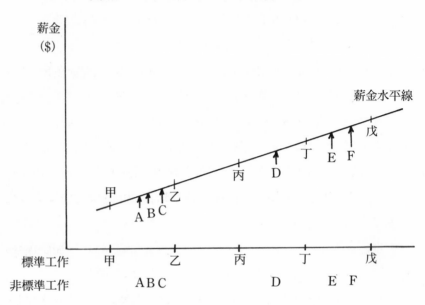

第三節　小結

在本章中，我們根據外在公平和內在公平的概念，介紹了企業如何從勞動市場調查釐定企業薪金水平，再以不同的工作評價方法，建立一個薪金結構。我們必須再強調，不論薪金水平的釐定或薪金結構的建立方法為何，都需要根據各企業的獨有文化和策略而決定。一個合理的薪金制度，直接影響著員工的工作態度和行為，也決定企業的生產表現，所以薪金制度，必須視為企業一個十分重要的人力資源管理作業。

第十六章
個別員工的薪酬和獎勵

　　上一章已討論企業如何從勞動市場調查，訂出薪金水平線和薪金結構，本章將更具體地討論個別員工的薪酬問題。不同企業對個別員工的薪酬有不同處理方法，有些企業是採取同工同酬，即完全以工作為依歸，而不考慮個人的因素。但大多數企業則採取因人而異政策，就是員工即使在同一工作職位上，也可以因其個人因素而薪金有所不同。但不論是同工同酬或是因人而異，員工公平的原則是最重要因素，企業必須考慮其文化及策略而制訂政策。

　　除了薪金給付外，很多企業同時採用獎勵(Incentive)計畫，以激勵員工對企業有更多貢獻 (請參閱圖 15-1)。在獎勵計畫的設計和推行上，最重要的問題是計算單位，因為獎勵計畫可以個人為單位，或是工作小組或整個企業為單位，企業應按著生產技術方法和企業文化加以考慮。

　　由於績效薪金制度(Pay For Poerformance)乃最常用的制度，本章將特別討論其效果與問題。最後，薪金制度在實施上所需注意的因素（包括控制、傳遞和參與），將會在最後部分討論。

第一節　企業對員工的薪酬政策

　　企業對員工的薪酬政策可分兩大類：同工同酬和因人而異。因人而異的政策中，常見的又有四種方法：薪金領域(Pay Range)、薪金調整

要領(Pay Increase Guidelines)、績優獎金(Merit Awards)和一次付全獎金(Lump-Sum Payments)。

一、單一薪酬(Flat Rates)

這種報酬方法在一些工會很強的企業出現，就是企業與工會達成協議，按照勞動市場調查的工資給付所有做同一個工作的員工同等的薪資。在同工同酬的安排下，員工的年資和績效，都不在考慮之內。

當然，同工同酬的實行，並不表示員工的績效和工作經驗沒有分別，而是表示企業和工會不以它們為影響薪金的因素。通常，工會反對績效薪金制度(Pay For Performance)有幾個論點：第一，他們認為企業的績效計算方法有偏差。第二，他們覺得很多工作是團隊一起努力的結果，所以很難分辨個人的工作成果。相反的，若施行不同薪金的制度，會使員工間的合作降低。

有些企業在使用同工同酬的同時，亦會加上一些獎勵制度，以分辨個人或小組的不同績效。

二、因人而異的薪酬政策

1. 薪金職系

是企業用薪金來分野員工的績效、技能或經驗的一種普遍方法。企業可根據薪金水平和薪金結構訂立薪金職系和等級。**圖 16-1** 以**圖 15-6**為根據，建立五個薪金職系。薪金職系的多少和高低，都沒有統一規定，企業必須按其需要而定。薪金職系的建立，包括兩個步驟：

圖16-1 薪金職系的訂立

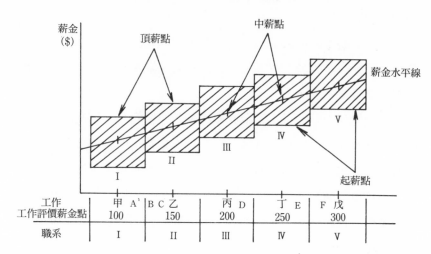

(1)劃分薪金職系數目：根據薪金結構，企業第一步要決定將企業內工作分為多少職系。每一職系內通常都包括多項不同的工作（如職系Ⅰ包括甲和A工作），儘管這些工作性質可能完全不同，但它們的薪金點應是接近的。薪金職系設定後，職系內每一工作都遵從相同的薪級水準。

(2)訂立薪金等級：薪金職系劃分後，企業都要決定每一職系的薪金差距，就是要決定每一職系的頂薪點、中薪點和低薪點。中薪點通常是由薪金水平線決定，而頂薪點和低薪點通常是中薪點的20%至30%上下；也有些企業把職系差距推得更廣，將頂薪點和起薪點定為中薪點的50%上下。

頂薪點和起薪點代表著企業在某工作上，所願意付出的最高和最低薪酬，而在兩點之間，主管人員便能按著員工個人情況將薪金調整。薪金職系的高低，通常受著工作性質（如管理人員與生產人員的薪金職系便不同）所影響，但企業的策略和文化（是否鼓勵競爭和員工流動性）也是重要的因素。

薪金領域決定後，企業要決定什麼因素可決定員工薪金的升遷。常用的有兩個因素：

(1)年資增薪：是按著員工在某工作上的經驗和年資而定。此制度鼓勵和獎勵經驗豐富的員工留下工作。但當員工漸漸老化時，薪資就會變得越來越昂貴。

(2)績效增薪：是把員工薪金直接與績效連結起來，如此，員工的薪資與企業的收入成正比，可減低員工老化對企業所帶來的負擔。

採用年資增薪或是績效增薪，最基本的考慮是薪金制度的目標（參閱第十四章第二節）。若企業是希望以薪金影響員工的績效，績效增薪是適當的選擇。但若企業是希望培養一群有經驗和固定的員工，那麼，年資增薪便是理想的制度。

2.薪金調整指引要領

指針對薪資調整設定一些基本原則，這個辦法可補充或替代薪金領域制度。由於員工每年都期望加薪，企業的薪金調整指引要領便變得重要，因為要領的內容代表著企業所重視的地方。同樣，企業可把員工薪金劃一調整，一般是參考消費價格指數，以保持員工的生活水準，稱為生活指數調整(Cost-of-Living Adjustments)或是企業可按年資把員工薪金自動按級調整(Seniority Increase)，這表示企業看重員工的經驗或對企業的忠心。

但對管理員工或專業員工來說，績效加薪(Merit Increase)是較常用的方法。企業把加薪程度按績效計算，若表現優越者，薪金可增加某一水平；若表現平庸者，則薪金的增幅較低；表現不良者，可完全不加薪或減薪作為警戒。

若以員工間的薪金差異作比較，劃一性薪金調整會將員工間薪金差異減至最低，其次是年資加薪，而在績效加薪制度下，員工的薪金差距將會最大。

3.績優獎賞

　　有些企業卻選擇不使用薪金調整指引，而使用績優獎賞。與薪金調整指引不同，績優獎賞是不調整員工基本薪金，但每年企業按個別員工的績效而發給獎金。績優獎賞給企業帶來更大的靈活性和節省開支的方法。因爲基本薪金不用每年累積，而企業很多的福利（包括退休金）都是與基本薪金有直接關係。此制度在薪酬制度的操作上給予企業更大的權力，使員工薪金與績效有更直接的關係。

4.一次付全方法

　　這方法與績優獎賞類同，唯一分別是員工可決定將所有或部分加薪金額一次領取，以應付某些較大開支（如購買房子、汽車）。此制度給員工一些自主權，決定何時領取薪金增加的部分。

第二節　員工的獎勵制度

　　員工獎勵制度完全是根據員工的績效而定。獎勵的方法類型很多，但所有獎勵制度都必須考慮一個問題，就是獎勵的單位，是以個人計算，或是工作小組、或是整個部門或企業計算。

一、個人獎勵制度

　　這是最傳統的獎勵方法，企業是根據員工的生產數量、品質或兩者決定獎金多寡。個人獎勵制度，常見的有兩種：

1.計件制與生產獎金

　　此法常用於製造業的企業。一般的作法是企業訂下一個基本薪金和生產數量，若員工超過某數量，便能按件賺取額外工資。生產數量的釐定，通常是根據工作衡量研究或是工會協商結果。另一方法是企業將計

件工資分級，若生產數量在某標準以下，員工將以某一單位按件計算，若超過某標準或數量，則單位工資便相對提高。第三種方法是以完成工作的時間計算，若員工以低於標準時間完成一件工作（如修換輪胎），便能獲得獎金。

2.佣金

此法常用於銷售人員。有些企業銷售人員的薪金，乃完全依靠其銷售產品所賺得的佣金。佣金的計算，一般是按產品銷售額的百分比；另一方法是企業付給員工基本工資，然後再按銷售產品數量給予佣金。

企業在選擇獎勵制度時，最基本的考慮是此制度所期望達到的目標，例如有些企業著重生產數量，有些則著重生產品質，有些是鼓勵員工的到勤率，有些是減少員工的流失率等等。因此，每一產業或每一企業，通常都要按個別需要制訂獎勵制度。

二、小組獎勵制度

此制度以小組的生產或工作績效為單位，獎勵小組內每一位成員。小組獎勵較常用於兩種情況：(1)工作成果是小組的合作結果，個別員工對成果的貢獻難以衡量；(2)企業在急遽轉變中，以致個人的工作標準無法訂立。此外，工會對小組獎勵制度較個人獎勵制度易於接納。

小組獎勵制度能以多種形式出現。有些制度是以成本節省多少來計算，有些則以生產數量或品質為根據，其基本特性是以企業所得利益與員工分享。

小組獎勵制度中，以利益分享計畫(Gainsharing Plan)最為普遍。利益分享計畫通常是根據一些已定方程式，以幾個變數（如生產力提高、廢棄率減少、或生產成本之節省等）為根據，計算一個小組、部門、甚

至企業的員工所得的獎金。由於利益分享計畫有賴於員工的高度參與及貢獻，此計畫較有利於某些企業的推行，如生產規模較小的企業或單位、生產過程和生產成本受員工控制、員工與部門主管能彼此信任、及員工能充分掌握生產技術的企業。此外，高階經理的完全支持，亦是利益分享計畫不可缺乏的因素。

　　為了有效實施利益分享計畫，企業必須在其他管理作業上加以配合。例如，企業必須盡量讓員工表達意思和影響決策，建立一些建議管道如生產委員會、員工參與小組等，都是需要的。此外，企業通常會成立一個由經理和員工組成的政策委員會，以便檢討建議、設計和實行獎金計算方法。若員工的建議被接納，企業所得利益將會與建議的整個工作小組成員分享，而不是提出建議的個別成員。

　　總括來說，利益分享計畫是透過獎金，將員工的利益和企業的利益結合，並強調企業的進步，是有賴員工的個別和群體貢獻。

三、企業的獎勵制度

　　企業的獎勵制度通常是以利潤分享(Profit Sharing)形式出現，就是當企業超過預定的利潤水平時，將部分利潤與員工分享。利潤分享的實行各有差異，企業分發利潤的時間性可有不同（如三個月、半年或一年），分發利潤的形式亦有不同（如現金、或撥作退休金累積、或分發企業股票）。

　　利潤分享的基本假設是藉著利潤分享，企業員工會在各方面幫助企業增加利潤，包括減少浪費和提高生產力。但利潤分享通常會遇到幾個問題：第一，當企業沒有利潤或利潤很低時，此計畫便不能發生效用；第二，員工的努力與企業的利潤不一定有直接影響。例如：管理人員政策的失誤，使員工的努力白費，或在經濟衰退時，員工亦不能影響企業

利潤。

　　因此，利潤分享通常是較適用於小型企業，因爲員工的努力與企業的利潤比較有直接影響，或利潤分享只應用於行政管理人員，因爲他們的工作對企業利潤有最直接關係。

第三節　績效薪金制度的評價

　　從第一節的員工個人薪金制度及第二節的員工獎勵制度，我們可以看到大多數企業都是較喜歡將薪金與個人績效或小組或企業的成果連結，本節將進一步探討和評價績效薪金制度能否符合兩個基本原則，就是工作效率及公平問題。

一、績效薪金制度與工作效率

　　員工及企業的績效能否受到薪金制度的設計和施行的影響呢？這是一個與企業競爭能力直接有關的問題。但這個大問題可分三個小問題逐步探討：(1)金錢對員工是否重要？(2)薪金增加應否基於工作表現？(3)薪金是否與工作表現有關？

1.金錢對員工是否重要？

　　從激勵理論來看，金錢本身並不重要，但因爲金錢能滿足員工的某些需要（如生理上、安全上、及名聲上的需要等），才顯得重要。若這些需要能從其他途徑得到滿足或有其他更大需要，金錢的實用價值便相對降低，而它對員工的激勵作用亦會減低。

　　因此，當企業決定採用績效薪金制度前，首先必須了解員工的不同需要。最理想的做法是把具有不同需要的員工分開，而相應地設計不同的薪金制度，但這種做法不太實際。以往，企業過於強調金錢的重要性，

以致薪金制度有時不能達到預期效果。比較中肯的看法是，金錢是激勵
員工的其中一個因素，而它的作用亦因人而異。

2.薪金增加應否基於工作表現？

　　很多研究顯示，員工皆認為工作表現是決定薪金增加的最主要因
素。因此，從員工角度，工作表現是合理的決定因素。雖然有時員工反
對某些績效薪金制度（如計件制），但很多時候主要的爭論僅在於執行方
面，而不是加薪的基本原則。

3.薪金是否與工作表現有關？

　　一些研究顯示，利益分享制度在60%的企業裡，起了促進生產力的
作用。但那些不成功的計畫中，主要失敗的原因是：(1)獎金頒發時間過
疏；(2)員工參與過低；(3)工會不支持或不合作。另一些研究亦發現管理
階層的獎金制度，對企業的財務表現有正面影響。

　　但也有一些研究，發現薪金與工作表現沒有影響。主要的原因在於
四方面：

　　(1)薪金並不被視為與工作表現有關。這是與企業不公開薪金政策有
關，以致員工有錯誤的想法，認為工作表現並不和待遇一致。

　　(2)績效評估被視為有偏差，尤其是主觀性績效評估制度。

　　(3)獎勵並不被視為獎勵。獎勵制度建立於員工的工作表現，但研究
顯示，很多員工都認為自己工作表現過高，以致他們得到獎賞時，並不
滿意這已是他們應得的獎賞，而期望著更高的獎賞。

　　(4)除金錢外，企業沒有使用和配合其他激勵方法，以致過分使用金
錢而失去其作用。有效的激勵方法是需要多方面配合的。

二、績效薪金制度與員工公平問題

　　薪金制度的公平與否，直接影響到員工的工作態度和滿足程度。員

工往往將自己所得的薪金與其他員工所得的薪金或是自己應得的薪金相比，這三者決定員工對薪金制度的滿足程度。而員工對薪金的滿足程度卻又是十分重要，因爲它影響到員工的整體工作滿足程度、缺席次數、招募、流失率、與工會的形成。

正如一些研究顯示，員工認爲工作表現應是決定薪酬的最重要因素，因此績效薪金制度乃被視爲最公平的原則。可是，很多時候績效薪金制度不如理想，主要是與實行時所遭遇的困難有關。

第四節　薪金制度的管理

在人力資源管理中，本書強調一個信念，就是所有人力資源制度（包括薪金制度）都是與企業的整體目標息息相關的。若制度設計及訂立得恰當，加上正確的推行，將對企業的業務有直接影響。

在上一章和本章裡，我們集中討論薪金制度的設計和建立，在此節裡，我們將強調幾個薪金制度施行上要注意的地方，包括薪資成本控制和預算、信息的傳遞和員工參與。但有一點必須注意，薪金制度很多時候，會變成官僚制度的一部分，而不是管理人員影響工作態度和行爲的工具。因此，如何使薪金制度揮最大功能（而不單是政策的控制）是管理藝術的一部分。

1.薪資成本控制

這是薪金制度目標之一。勞工成本的計算，主要是受幾個變數所影響：

勞工成本＝勞工雇用×（直接報酬＋間接報酬）

勞工雇用包括雇用人數和工作時間，這是人力規劃所注意的問題。直接報酬包括薪金和獎金，是上一章和本章所討論的焦點。間接報酬包括福利、退休金等，將在下章討論。但重要的是，這三個變數都直接影響勞

工成本。

在薪金制度中，勞工成本的控制，乃是設計中的一部分。例如薪金領域制度，頂薪點和起薪點便是勞工成本控制之一。頂薪點代表企業在特定的工作中所願意付出的最高額度費用 (不管員工的資歷如何)，因爲對企業來說，一個中學畢業生或一個鑑定會計師，在基本簿記的工作上，他們的貢獻都是相若的。此外，在獎金的設計上，很多企業使用變數薪金(Variable Pay)概念。變數薪金乃直接基於員工的工作表現，而不提高員工基本薪金的方法，如佣金、績優獎賞等。此概念的基本原則，在於員工必須不斷努力爭取提高待遇，而不是按年自動加薪。這樣，企業的薪金給付，便不會不斷增加。

2. 信息的傳遞

薪金制度的傳遞，乃使員工明白企業制度的背後原則和運行，此爲確保薪金制度成功的因素之一。以往企業較爲保守，不願公開企業的薪金制度，以致員工對制度有很多誤解，薪金制度的目標不能達到。一個常見的誤解，就是員工常常高估低級員工的薪酬，而低估高級員工的薪酬。這誤解會帶來一些不良影響，例如員工尋求晉升的熱忱會降低，以致對於培訓和爭取工作資歷的激勵減少。另一方面，薪金制度的公開，亦使員工對企業增加信任和提高工作滿足程度。

但薪金制度的公開，最基本的前提是企業必須有合理的薪金制度。若制度的建立是與工作或業務因素無關，企業便很難把薪金制度說得具體。即使如此，員工亦會從其他員工和其他途徑加以猜測，以致產生很多不必要的謠言。

3. 員工的參與

美國薪酬制度權威羅勒(Lawler)曾作研究顯示，員工在薪酬制度建立時和運行時的參與，對薪金制度的成功施行有重要影響。他曾研究兩個工作小組，他們的工作內容和薪金制度都相若，不同之處在於成員的

參與程度。結果研究顯示，參與程度高的小組，他們生產力不斷上升，但參與程度低的小組，其生產力卻較低，甚至停滯。因此，員工參與會影響薪金制度的效果。此外，員工的參與，亦可減低制度推行時所遇到的阻力。

第五節　小結

在上一章和本章裡，我們按著外在公平、內在公平、員工公平、和制度的管理四方面概念，討論薪金制度的設計、訂立和實施。有效的薪金制度，可增強企業競爭能力，無效的薪金制度，則徒增企業的官僚架構。此外，每個企業都應按具體情況去決定他們的薪金制度。圖 **16-2** 總結一些影響著企業薪金制度的因素，外在環境、企業情況、工作性質、員工特性、工會影響等等，都是考慮的因素。在探討過直接薪酬制度後，下一章將討論間接薪酬制度的設計和運行。

圖 16-2　影響薪金制度的不同因素

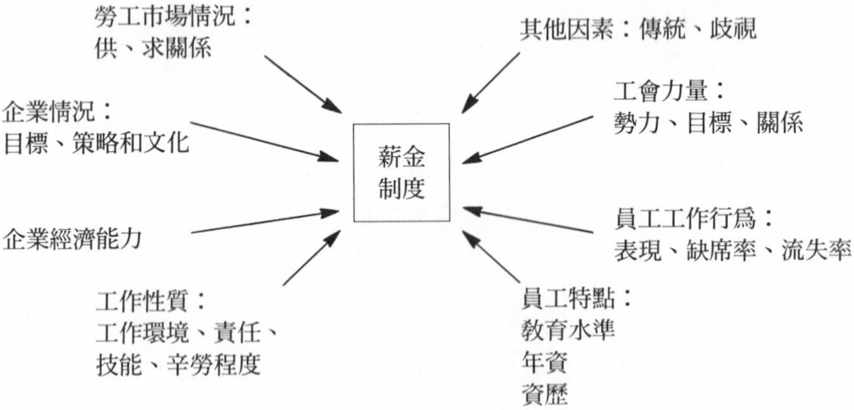

```
勞工市場情況：                          其他因素：傳統、歧視
供、求關係
                                         工會力量：
企業情況：                                勢力、目標、關係
目標、策略和文化
                        ┌──────┐
                        │ 薪金 │
                        │ 制度 │
企業經濟能力              └──────┘        員工工作行為：
                                          表現、缺席率、流失率

    工作性質：                    員工特點：
    工作環境、責任、               教育水準
    技能、辛勞程度                 年資
                                   資歷
```

第十七章
員工福利制度

　　員工福利泛指企業內所有間接報酬，包括有薪休假、人壽醫療保險、員工服務、退休撫卹、及房屋貸款等。員工福利與其他直接報酬（薪金、獎金等）不同，員工福利的多寡通常是由年資和職級決定，與員工績效關聯相對較少。

　　可是，由於員工福利的不斷增多，它已成為員工薪酬的重要部分，因此適當的管理和設計，不但可以減少企業生產成本，更可以增加企業在勞動市場的競爭能力和降低員工流失率。與其他直接薪酬一樣，員工福利必須謹慎地設計和運用，以提高企業的業績和競爭能力。

　　本章將主要分三部分討論。首先，福利制度的設計與企業的策略、文化和員工需要的關係。第二部分將討論實施的問題，包括福利水平、範圍、傳遞、選擇和法規遵行。最後，將檢討福利制度的影響，包括勞工成本控制、員工行為、和員工間公平的問題。

第一節　福利制度的設計

　　福利制度的設計，對外必須符合勞工市場所提供的標準、政府法規和工會的要求；對內必須按企業競爭策略、文化和員工需要而定。外在的因素，在後文將加以敘述，這裡將較詳細討論內在因素的考慮。

1. 企業競爭策略

與福利制度的設計有密切關係。例如當一個企業正在成長初期，資金不足，風險較大，福利制度應盡量減低固定成本的員工福利（如退休金），而代之以一些與企業利潤有較直接關係的方法（如股票認購計畫、員工股權分配方法等），以增加員工的創業精神，減低小型企業的財務負擔。相反的，當一個企業已相當穩健而且在不斷增長中，固定成本的福利便是需要的，以增加企業在勞動市場的競爭能力。

2.企業文化與員工福利的關係

在於企業如何看待員工福利。一些企業強調對員工的關懷和照顧，把員工當作家庭一分子，於是所有員工都享有優厚的福利照料，福利制度變成一種權利，而不是與員工對企業的貢獻多寡有關。相反的，有些企業較強調企業的業務，所有薪酬制度，包括福利制度，也隨著員工和企業的績效而變化。因此，兩種福利制度的觀念，皆受到企業不同的文化所影響。大多數的企業是採取中庸之道，混合兩種不同的觀念。

3.員工的需要通常隨著其年齡、收入和家庭狀況而不同

雖然員工福利是不用課稅，但研究顯示，不是所有員工都喜歡福利過於現金收入。例如，收入低的員工，由於日常生活的需要，一般較喜歡直接薪金多於福利，但收入高的員工，則喜歡員工福利，以減低課稅負擔。此外，年紀輕的員工，通常較喜歡有薪休假（如假期或年假），年紀老的員工，則喜歡退休金和保險制度。因此，福利制度的設計，應考慮企業員工的需要變更，以使員工得到更大的滿足感。

第二節　福利制度的實施

在決定員工福利時，企業常面對著五個問題：

(1)競爭能力(Competitiveness)：企業福利應如何與競爭者相比？

(2)範圍(Coverage)：企業應包括那幾類福利？甚麼員工可享有甚

麼福利？

　⑶溝通(Communication)：企業如何讓員工了解他們的福利？企業又如何知道員工的需要？

　⑷選擇(Choice)：福利制度中員工的選擇性有多大？如何最能滿足員工的需要？

　⑸法規遵守(Compliance)：企業在決定福利制度時，受到甚麼法規限制？企業又應如何遵守這些法規？

　這五個決定，可簡稱爲「5－C」模式，是企業必須注意的問題。

一、競爭能力

　福利制度對企業競爭能力存著不同又相互衝突的影響。爲了確保價格合理及在商品市場的競爭力，企業一方面需減低勞工成本及員工福利開支。在另一方面，企業卻要提高員工福利，以便在勞力市場吸引較爲優秀的員工。因此，與訂立薪金水平線一樣，企業面對著三個選擇：⑴超過競爭者的福利水平；⑵相應於競爭者的福利水平；⑶低於競爭者的福利水平。當然，也有些企業特別強調員工的福利水平，而降低其薪金水平，以吸引個別員工及平衡整體勞工成本。

　同樣，競爭者的福利水平資料，是透過勞工市場調查而得，一般常用的資料包括競爭者所提供的福利範圍、成本、及受惠的員工比例等。常用的比較指標包括福利費用總成本、平均員工福利成本、或福利費用在整個薪酬中的百分比等。企業通常是以這些指標，與其他競爭者的平均指標比較。這類比較乃基於成本分析，背後假設是成本越高，員工福利則越高。另一類比較方法，則基於保險學估值的方法(Actuarial Valuation)，直接比較企業與競爭者所提供的福利對員工的價值。

二、範圍

員工常見的福利可分四大類：有薪休息時間、員工保險、員工服務和退休金。現分項敍述如下：

1.有薪休息時間

可分爲工作上休息時間和非工作上休息時間。工作上休息時間包括小休、午飯時間、更衣時間、準備時間、和如廁時間。非工作上休息時間包括年假、公定假期和病假等。有薪休息時間爲員工重要福利之一，對於年輕員工尤具吸引力。

2.勞工保險

勞工保險乃雇主與員工共付保費，以保障員工在特殊情況下，經濟上仍然得以維持。勞保現已廣泛應用於各行業的勞工，而保險常分醫療保險、人壽保險和意外傷殘保險三大類。

3.員工服務

員工服務泛指企業提供給員工的一切優惠服務，例如員工餐廳、產品折扣、嬰孩照料中心、員工諮詢服務（法律、財務、個人問題等）、低息貸款（輔購住宅、汽車等）、教育或進修補助等等。隨著勞工市場的轉變和大量婦女的投入工作，新的員工服務（如嬰孩照料中心）變得更爲重要。此外，在房價昂貴的城市，企業以低息貸款協助員工購買住宅亦是重要服務之一。

4.退休金

協助員工計畫儲蓄金錢，以備老年退休之用，亦是企業福利範圍之一。企業可利用三種途徑協助員工累積退休金：第一是透過員工資產收入，其方法是企業把員工一部分薪金轉到一些投資儲蓄計畫中，以便員工退休後可收取投資資產之收入以維持生計。轉入投資計畫的薪金，都

是不用課稅，而企業亦經常按比例資助員工的投資。第二，企業亦可鼓勵員工購買企業股票，作爲退休後收入來源之一，投資金額同樣是免稅的。第三，員工可直接參與退休金計畫，而企業依員工的年資和薪金收入決定退休後的每月退休金額。

三、溝通

即使企業花了大量金錢於員工福利，員工因爲不知它們的存在，而未能善加利用，也不會因此而增加對企業的滿足感。因此，在訂立和推行員工福利之餘，企業必須使員工明白他們享有的福利。溝通方法各有不同，有些企業印備員工福利手冊，也有每年郵寄員工福利年結表，告訴員工所累積的退休金額或儲蓄金額，也有企業附寄企業爲員工所支付的醫療費用等等。

溝通不應是單方面的，企業同樣亦需了解員工的需要。此外，員工的參與，也是福利制度成功因素之一。因爲透過員工的直接選擇，員工通常都更明瞭企業的福利制度，亦會更滿意他們所揀選的福利。但在員工參與之先，有效的溝通方法是不可缺少的。

四、選擇

由於員工的個別情況不同（如年齡、性別、婚姻狀況、多少孩子、收入水平、離退休日期多久等），他們的需要也不同。一個準備退休的員工，與一個剛開始工作的員工，在需要上有顯著的不同，另高薪與低薪員工對福利與薪金的選擇，亦有不同。因此，員工的需要不同，亦影響著所喜好的福利。研究顯示，員工對福利形式的喜好有很大的不同，而這些喜好又隨著時間變化。企業未能因員工的組成變化而加以調整其福

利制度,是員工對福利制度不滿的主因。

不同企業對員工的選擇權有不同的政策。但新興的彈性福利制度(Flexible Benefits),特別值得介紹,以作參考。

彈性福利制度以兩種最普遍形式出現:自助餐式福利制度(Cone Cafeteria Plan)和靈活消費帳戶制度(Flexible Spending Accounts)。自助餐式的福利制度,一般是由企業提供員工劃一的基本福利(如保險、退休金),然後員工便可自由選擇所喜好的福利,如更多的假期、更好的醫療保險、牙齒護理、嬰孩照料等。每一個員工每年都會收到一個福利分數,而按著各項福利所訂下的分數,購買其喜歡的員工福利。員工可以按期改變其選擇,以滿足新的需要。

靈活消費帳戶給員工更大的選擇權,就是員工可決定每年從他薪金中撥取多少作為福利消費帳戶之用,然後員工可使用此帳戶去取付各類福利費用。此方法的優點是撥入靈活帳戶的薪金是免稅的。但其缺點是,員工不能使用所有撥入帳戶的款項,因法律規定餘款則歸企業所有。

彈性福利制度的最大優點,在於滿足員工個別需要,以致對企業滿足程度增加,缺席率和流失率減少等。此外,彈性福利制度亦是一些企業減低福利費用的策略。例如,某企業現提供人壽和醫療保險福利,但沒有牙齒護理。當員工要求有牙齒護理時,企業藉著彈性福利制度,一方面可提供新福利,但另一方面卻不用增加企業福利費用。再者,企業亦可提供多元化的員工福利,而不會受員工批評偏袒某些員工的需要(如嬰孩看顧)。然而此制度最明顯的缺點是複雜的行政措施和支持此制度所需的溝通、諮詢和會計制度。此外,員工亦可能過度利用福利制度的選擇性,以致福利費用大大增加。例如,某員工預期今年需要很高的牙齒護理費用,所以便盡量購買牙齒護理的保險,然後在未來數年,又把牙齒護理保險減至最低。若很多員工都是這樣做的話,企業保險費用必然增加,而企業的福利費用亦會同時提高。

五、法規遵守

每個國家對於員工福利制度都有一定規定，例如勞工保險、公務員保險、公定假期、孕婦產假、員工歧視問題等等。為了遵守社會法規及避免觸犯法律，企業福利制度必須合乎法規上的要求和標準。

第三節　福利制度的檢討

員工福利制度在實施期間必須定期檢討，查核企業福利制度是否按著目標設計和推行員工福利制度。檢討的內容，一般包括三方面：成本控制、員工行為和員工間公平問題。這三方面的考慮，對企業、員工、工會、和政府機構，都是值得關注的。

一、成本控制

員工福利的費用，佔員工薪酬的百分比，可高達 40%。員工福利已不再是一些邊緣性福利，而是薪酬的極重要部分。因此，如何有效地管理和控制員工福利費用，便是值得探討的問題。

對很多企業來說，員工福利就好像一項固定開支，是必須付出的費用。但假若企業仔細研究，會發現很多時候他們所提供的福利，是有重疊而未能有效使用的地方。因此，若能將各福利項目間加以協調（如醫療保險、有薪病假、意外傷殘保險和政府機構所提供的福利等），企業往往可省卻不少開支，或提高員工福利的實得價值。

由於近年來醫療費用不斷的提高，很多企業採用不同方法控制這方面的開支，常用的方法有四種：(1)要求員工部分支付醫療費用，以減低

員工濫用醫療服務；(2)個案管理，以針對一些醫療費用特別昂貴的員工及家屬，爲他們探討其他醫療途徑，以節約開支；(3)企業內部提供醫療服務；(4)與醫院、醫生、化驗所及藥劑師談判更低廉的收費方法。

二、員工行爲

有效的福利制度，應對員工的工作態度、滿足程度和工作表現有所影響。研究顯示，企業可使用退休金和其他福利制度去減低員工的缺席率和流失率。例如美國通用汽車公司，曾與美國汽車工會達成協議，把員工福利與員工缺席率直接相連。假若員工在合約的前 6 個月缺席超過工作時間的 20%，企業首先提供輔導和諮詢服務。假若缺席率在後 6 個月仍然超過 20%，則員工福利會按比例減低（特別在有薪假期、病假及醫療福利方面）。結果，實行後的第一年，可控制的缺席率降低至 11%，以後數年陸續降低至 10% 和 9% 等。

此外，員工福利亦應增加企業的招募能力和在職員工的績效。原因頗爲簡單，因爲一個身體上不健康、心理上受到困擾或家庭上有困難的員工，在工作上必定不能專注，以致工作效率減低，工業意外提高，或缺席率增加。因此，員工健康上、心理上或家庭方面有所幫助的福利（如嬰孩看顧、醫療護理、心理輔導、法律服務等），都應提高員工生產力。此外，有些福利項目，如員工股權擁有和股權認購方法等，皆可增加員工工作的激勵性。

由於經濟的不景氣和環球競爭結果，很多美國企業都面臨裁員的問題，而員工福利制度，亦提供了有效的途徑鼓勵員工提早退休。例如，企業可延長員工的醫療和傷殘保險，以使員工可安心提早退休。此外，企業也使用一些獎勵方法，鼓勵員工提早退休。例如，IBM 便將員工提早退休時的年資自動增加 5 年，以使員工可享受在 5 年後退休的同等福

利。

　　因此，員工福利制度，若能加以適當設計，在企業內可發揮重要影響。員工福利制度必須創新地運用，而不是傳統地執行。

三、公平問題

　　員工福利制度亦應使員工感到企業是公平地和合理地關照員工。由於員工間的公平問題，經常影響到員工對企業的滿足程度，因此必須加以重視。有些企業在員工福利制度中，高級員工和低級員工的差距極大，以致低級員工感到不公平的待遇，勞資糾紛及罷工事件因而產生。日本式管理，則強調員工間福利平等的特點。企業應按其策略和文化而設計一套合理及公平的制度（但公平並不表示絕對平等）。

第四節　小結

　　與薪金制度和獎勵制度一樣，員工福利制度必須是有目標地設計和使用。企業策略、企業文化、工會諮商、遵守法規、對外競爭能力等，都是薪酬制度在設計時應注意的因素。員工的選擇性、公平問題、和信息傳遞，則是確保員工福利制度成功的要素。鑑於員工福利的開支不斷提高，企業應有效地使用員工福利制度，而不是因循地推行。

　　從人力資源策略管理的角度，企業的薪酬、獎勵和福利制度，其設計應因競爭策略和企業文化而變化。在薪金水平和結構方面，創新性策略應重視內部公平，提高品質策略亦是，但價廉策略應以對外公平為主。基本薪金水平方面，價廉策略應以低薪為本，而輔以獎金制度，按著員工表現而變化。創新性策略因失敗率很高，但員工必須在一個穩定的環境下創新，因此，基本薪金應該較高。提高品質策略的基本薪金水平應

在兩者之間，而當小組在品質提高上有貢獻時，應給予獎勵。此外，就薪酬和獎勵制度的目的來說，創新性策略和品質提高策略都應以增加員工歸屬感爲主，而價廉策略則不用太重視員工歸屬感。因此，企業利潤的分享在創新性和品質提高策略較爲重要。最後，員工工作保障，在創新性策略和品質提高策略應較爲重視，以安定員工的向心力，而價廉策略方面，員工工作保障則較爲次要。**表 17-1** 總結薪酬制度與企業策略的關係。

表 17-1　薪酬制度與企業策略

	創新性策略	品質提高策略	價廉策略
薪金結構	內部公平	內部公平	對外公平
基本薪金	高	中	低
獎金制度	低	低	高
利潤分成	高	高	低
員工工作保障	高	中	低

第十八章
工作設計與時間

　　隨著環球性競爭的迅速發展、勞工教育水平的不斷提高以及婦女勞工的參與率提高，傳統的工作設計和工作時間模式，不一定能滿足企業的高效率要求和員工的新工作需要。八〇年代的美國企業，因著歐、日企業的激烈競爭，以及其勞工人口的結構變化，正進行著龐大及廣泛組織改革。而美國企業的人事部門，則肩負這些改革的重要任務。雖然臺灣企業面對的變化沒有這麼大，但透過了解他們改革的方向，臺灣的人事管理人員，可更加認識人事管理在企業的重要性，亦可提供個別企業一些改革的模式。

　　本章將分別介紹美國企業，在工作設計和工作時間三方面的改革：(1)工作設計(Job Design)；(2)參與工作小組(Participative Work Groups)；(3)彈性工作安排(Alternative Work Arrangements)。這些新設計的目的，都旨在提高企業生產力和競爭力，以及滿足員工在企業更多參與的要求。

第一節　工作設計

　　工作設計的焦點在於個別員工的工作內容、工作程序、和工作時與其他員工的工作交往，隨著時代的轉變，四大類的工作設計先後被提倡及使用。

1. 工作簡單化(Job Simplification)

這是工業革命後廣爲使用的方法，目的是透過分析員工的動作和體力，盡量把工作劃分得更細，以使員工可專注於一小部分的工作，熟能生巧。這方法可減低員工的受訓時間和資歷，增加員工的替換性，提高員工的工作效率。但最大問題是員工很易厭煩過專的工作，以致工作品質下降。

2. 工作輪調(Job Rotation)

爲了解決因工作過專而引起的問題，工作輪調主張把員工定期派到不同工作上，以增加工作多樣化，但員工的個別工作基本上沒有改變。

3. 工作擴大化(Job Enlargement)

工作擴大化卽改變員工工作內容，方法是橫向的把工作增多，把員工工作範圍增廣至其他工作性質類似的工作上。工作擴大化的目的，與工作簡單化剛巧相反，可視爲過度工作簡單化的回應。

4. 工作豐富化(Job Enrichment)

工作豐富化是較徹底改變員工的工作內容，其方法不是橫向增廣，而是把工作直向擴大，就是增加工作不同的內容和責任。此方法的提倡，是基於「工作特點模式」(Job characteristic Model)的論點，現將此模式簡介如下（見**圖 18-1**）。

圖 18-1　工作特點模式

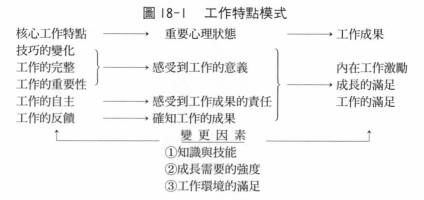

　　此模式的基本論調為員工的激勵與工作滿足，乃建基於三個重要心理狀態(Critical Psychological States)：⑴工作的意義的領受(Experienced Meaningfulness of Work)；⑵對工作成果所擔負責任的領受(Experienced Responsibility For Outcomes of The Work)；⑶確知工作的成果(Knowledge of The Actual Result of The Work Activities)。而這三個重要心理狀態，卻直接受到五個核心工作特點（如圖 18-1）影響。員工是否能感受到工作意義，受到三個工作特點影響：⑴技巧的變化(Skill Variety)：即是否參與不同的工作類型；⑵工作的完整(Task　Identity)：即能否徹底完成一件完整的工作；⑶工作的重要性(Task Significance)：即工作是否對他人有重要影響。而工作的自主性(Autonomy)則影響員工是否感受到對工作成果的責任感，工作的反饋(Feedback For Job)則影響員工對工作成果的認識。

　　此模式亦提到工作特點、心理狀態和工作成果間三者的關係，乃受到幾個因素而影響它們的強弱關係。首先，員工是否有足夠的知識和技能從事多樣的工作類型；此外，員工是否願意接受工作上新的挑戰和責任（成長的慾望）；最後，員工是否對工作環境（如薪酬、上司監管程度、其他員工）基本上滿意。

　　基於此模式，工作豐富化的概念便產生。為了提高員工工作的激勵性和滿足感，企業應照著五個核心工作特點改良工作的設計。例如，員工的工作應該增加不同的工作類型，而這些不同類型應該能組成一個合理的工作單位(如對一些顧客提供完整的服務)；儘量增加員工與顧客直接接觸，以增加員工對工作重要性的了解；直向增加工作範圍，使員工有權決定生產次序、方法，和產品檢查等；最後應設立一些途徑，使員工定期知道其工作的結果。

　　雖然其他工作設計模式逐漸推廣，工作簡單化仍然在很多製造業企業中扮演重要角色。專家研究亦顯示，工作豐富化對員工的滿足和激勵，

確實起了正面影響。在各核心工作特點中，員工反饋對各工作成果尤為重要。工作的完整提高員工激勵和績效，技巧變化和工作的自主，則減低缺席率。此外，所有核心工作特點都可提高員工工作滿足。

　　儘管工作豐富化好像帶來不少正面影響，企業在選擇工作簡單化和工作豐富化或其他模式時，必須考慮其他因素，包括企業文化、企業策略、生產技術、企業對員工的假設等等。若企業追求價廉策略和官僚式文化，工作簡單化模式最為恰當；若企業採用創新策略和發展式文化，工作豐富化則較合適。

第二節　參與工作小組

　　與工作設計有直接關連的，就是員工的決策權。傳統學派主張管理人員作決策，生產員工執行，工作簡單化正反映這種主張。但隨著環境變遷，歐、美、日企業已開始改變這種想法，而代以員工參與(Employee Involvement)和權力下分(Decentralization)的組織設計。

　　參與工作小組與上文工作設計的討論略有不同，它的焦點在工作小組的工作內容，而不是個別員工的工作內容。這裡我們將先介紹參與工作小組的理論基礎，進而專注兩種最流行的參與工作小組：品質控制圈(Quality Control Circles)和自管工作小組(Self-Managing Work Teams)。

一、參與工作小組與企業績效

　　圖 18-2 嘗試從理論層面，探討員工參與如何影響員工的行為和態度，以致最終影響企業的成果。員工參與提高員工對企業貢獻的能力和激勵。在能力方面，藉著溝通和資訊的分享，員工便能更了解企業的具

體情況，從而提出更多元化及創新的意見。在激勵因素方面，首先員工
在參與過程中所訂下的目標，一般比管理人員單方面所訂下的目標更
高，以致員工更加竭力工作。此外，從直接參與的過程中，員工通常也
把「自我」的概念投射在所作的決策中（因為這是我的決定），以致深信
所作的決定是好的，從而對自己及其他員工施加壓力，確使所作的決策
和目標得以實行完成。最後，從參與決策中，員工往往對所作的決定更
加信任和有安全感，以致減低決策推行時的阻力。在態度方面，藉著決
策的參與，員工亦往往能滿足自我的發展，肯定自己在企業的價值，以
致士氣和滿足感提高，從而減低缺席、流失和衝突的可能性。理論上，
上述所有員工態度上和行為上的改變，都會提高企業生產效率，減低生
產成本，以及減少員工與企業間的磨擦和衝突。

圖 18-2　員工參與對企業績效的影響

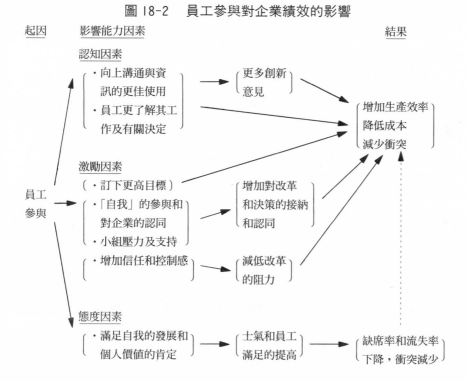

不少專家學者嘗試驗證以上的假設,可是研究結果不一。有些研究支持員工參與的正面影響,有些研究,不能支持這些假設。於是,研究人員進一步劃分不同參與的方法,從而比較其結果。也有一些學者從員工參與的環境考慮,探討那些是有利和不利的因素。另外一些學者,則探討一些實行上的困難,而不歸咎員工參與本身的概念。無論如何,員工參與的概念在歐美日各國不斷進行,參與工作小組如雨後春筍,在很多企業已廣為推行。因此,我們接著介紹兩個最普遍的參與工作小組。

二、品質控制圈

品質控制圈由生產員工自願組成,是在企業組織架構以外成立,旨在定期檢討一些與員工工作上有關的問題。品質控制圈經過討論和研究後,向管理人員提出建議,但品質圈沒有權力推行建議。每個企業所施行的品質控制圈各有不同,但典型的特點在**表 18-1** 列舉說明。

品質控制圈的成立,需要企業的支持,因為帶領的專業人員、組長及組員等,都要接受訓練。另企業需要花一段時間讓品質控制圈漸漸組織起來和有效運作。但一旦成立起來,品質控制圈對企業可有莫大幫助,不論在節省經費上或改善操作程序方面,很多企業的品質圈確實提出不少有效建議。

可是,很多品質控制圈亦不能如期發揮功用。究其原因有以下幾點:缺乏員工自願參加;參與員工未能掌握訓練技巧;員工流失率過高;非參加者的抗拒與敵意;過分重視個人結果而忽視企業成果;推行建議結果未能達到(過高的)期望;管理人員的過分干預等。改善品質控制圈的辦法之一,就是擴大品質圈的參與範圍和決策權力,使之變為全面的自管工作小組。

表 18-1　品質控制圈的典型特點

目標：‧鼓勵員工發掘和解決與生產和工作有關的問題
　　　‧改善這些問題

組織：‧每個品質圈通常由一組長統籌（非管理人員），3 至 12 位在同一工作單
　　　位的員工組成（平均 9 位）
　　　‧企業內可成立多個品質圈，並由具有小組帶領技巧的專業人士協助
　　　‧品質圈乃組織架構外的小組，不影響企業權力運作。企業通常很少提
　　　供企業財務或規劃的資料

成員：‧參與成員全屬自願
　　　‧品質圈在生產企業較爲流行，在服務行業亦開始實行。成員通常是非
　　　管理階層員工

範圍：‧品質圈自行選擇需要解決的問題。但有些問題是不在討論之列（如人
　　　事問題，勞工契約問題）
　　　‧品質圈不直接影響企業財政預算和資源分配，但其建議則常需要企業
　　　的經費支持

訓練：‧組長或統籌人員接受小組帶領技巧訓練
　　　‧組員亦接受一些訓練（如問題解決程序、溝通技巧、統計學一些概念）。
　　　十至二十小時的訓練十分普遍。

會議：‧每星期一小時左右，按需要而增長和增多
　　　‧在工作時間內開會，偶爾也在工作後開會

報酬：‧金錢上的報酬極少
　　　‧主要是非金錢上報酬（如表揚、獎牌、組徽等）
　　　‧最大報酬是成功地解決問題，意見被接納及推行

三、自管工作小組

　　自管工作小組由員工組成，負責經營和管理企業內指定的業務。自
管工作小組的構想，與工作豐富化類同，不同之處在於自管工作小組是
以小組（不是個人）爲對象。自管工作小組完全負責其一切有關工作，

包括工作計畫、組織推行、揀選組員、分配工作、自我監管、紛爭調解、和品質產量控制等。

在推行自管工作小組的企業中，所有員工都參與在內，而不是自願參加。所有與工作有關的問題都涉及，而不是員工有興趣的問題或管理人員所指派的問題。自管工作小組乃企業組織的重要部分（對員工而言，它就是企業），凡自管小組所決定的，他們便直接推行。除非自管小組的決定超過其財政能力範圍以外或牽涉其他工作小組的決定，管理人員一般不干預小組的決定。

由於自管工作小組與傳統組織結構大有分別，企業需要花大量時間、人力、物力、財力，使之推行。所有組員都需全面受訓，不單在技術方面，也在小組運作方面。小組組長亦需受訓成為協調人員，以小組形式取代傳統權力的運用。資訊的傳遞十分頻繁，小組成員必須從企業得到適量和合用的資料。因此，在成立自管工作小組的初期，企業通常聘用管理顧問協助成立。另外，管理階層亦必須存著極大信念（尤其是成立初期），因為員工在學習過程通常產生很多懷疑。

由於自管工作小組的形式和構想，與傳統組織有很大的改變，目前還不十分流行（與品質控制圈相比）。自管工作小組的成效，還有待研究驗證，但有些企業宣稱在生產力和節省開支上改善了 20% 至 40%。最近在英國一小型工廠中，研究顯示自管工作小組確實提高員工的工作滿足，但對員工的激勵、績效和自願性流失則沒有顯著提高。此工廠因引進新工作方法和減少監管人員和其他行政人員，生產力和生產成本有顯著改善。

表 18-2 以比較形式，總結兩種參與工作小組的特點。作為人事管理人員，對這些工作設計的內容和構想，必須有基本認識，以便作為自己企業未來發展的參考之一。

表 18-2　品質控制圈與自管工作小組比較

特　點	品質控制圈	自管工作小組
・推行的企業	通常在成立已久的廠房	通常在新成立的廠房
・成立的難度	頗易及快捷	很難及費時
・員工參與	純屬自願	非自願，員工參與程度有異
・成員	工作單位的部分成員	工作單位的全部成員
・負責人員	負責人通常內部選出	內部負責人員工自行選出；對外負責由管理人員任派
・處理的問題	通常每次處理一個較大的問題	很多日常面對的細節問題
・執行權力	通常限於建議；偶爾賦予執行權力	通常執行所作決定
・員工的激勵	普通至強烈	強烈
・與企業現存組織關係	補充現存組織	取代現存組織

第三節　彈性工作安排

除了個人或小組工作內容有所變革外，很多企業對工作的形式亦有新的安排。由於單親家庭的普遍、交通費用的增高、年老員工減少工作時間或年輕員工增加個人休閒時間等要求，美國企業提出了一些在工作時間和工作地點上較靈活的安排。這些安排旨在減低員工在工作上、家庭上、休閒上或教育上不同要求間的衝突，以使員工更能專心工作，並減低其缺席和流失率。

1.彈性時間(Flexitime)

彈性時間給予員工每天工作時間的靈活性，以使員工能更佳利用和分配其時間。彈性時間的構想如下：企業訂下一段可工作的時間（如早上 6 時至晚上 12 時），然後在這段可工作的時間中分為核心時間和彈性時間。核心時間（如早上 10 時至 12 時，下午 2 時至 4 時）乃員工必須

工作時間，其餘時間定爲彈性時間，即員工按喜好而選擇的工作時間。員工每天工作時間數量一樣（如每天7小時），但實際到企業工作的時間可以每天不同。

彈性時間的好處是企業能更加迎合員工的喜好，賦予他們更多的參與權，並減低他們的缺席率。但彈性時間最大的困難是行政上、規劃上和溝通上的困難。因爲企業需要更複雜的方法計算員工工作時間，管理人員亦難以作出規劃使企業能如常進行。此外，因著工作時間的不一，管理人員與員工的溝通亦容易出現問題。

2.壓縮工作週(Compressed Work Weeks)

壓縮工作週給員工另一個工作時間上的選擇，就是以每天較長工作時間的工作日，換取每週較少的工作日。例如員工每週需要工作40小時，在壓縮工作週安排下，員工不一定要工作5天，每天8小時，因爲他們可選擇每天工作10小時，但每週工作4天。壓縮工作週同樣給員工更大的選擇權，此外，企業的裝備亦能更全面的使用。但主要的困難在於行政和規劃方面。

3.長期兼職制(Permanent Part-Time)和工作分擔(Job Sharing)

傳統上，部分時間工作乃是臨時安排。但企業現在亦採用長期兼職制，以僱用一些不願全時間工作的員工（如家庭主婦、年老員工）。換言之，兼職制的工作時間雖不是整天整週，其工作時間卻是定期。部分時間工作的員工，亦使企業能更靈活地編排工作程序，例如以部分時間工作員工，填補兩輪十小時工作的時間表。

工作分擔乃聘用兩名員工分擔一名全職員工的工作。兩名員工亦平分工作時間或按需要分攤工作時間。部分時間工作員工一般不能享用企業員工福利，但在工作分擔安排下，兩名員工都能按比例分享企業給予的福利。

4.彈性工作地點

　　除了工作時間的靈活安排外，由於科技的發展，企業現亦容許員工在家中工作，透過電腦網路系統及其他通訊方法，員工往往可以節省往返企業的時間，而在家中全時間工作。但此法只適用某些員工和專業。另外，員工在家中的安全及保健措施，亦是這種安排需要考慮因素之一。

第四節　　小結

　　在本章裡，我們介紹了美國及其他國家一些在工作設計和工作時間方面的新構想。為了使員工更投入工作和獲得更大的滿足感，企業不斷在員工個人和小組的工作內容和形式上創新，一方面是適應員工不同的需要，另一方面卻是提高企業生產力和減低生產成本的重要途徑。人力資源管理人員，如何配合高層管理人員，介紹和推動當行的改革，是歐美日人力資源管理備受尊崇的原因之一。

第十九章
工作安全與職業保健

當企業成功地招聘員工、激勵員工及保留員工之餘，企業另一個重要任務就是保護員工，以免員工因突然而來的工作意外、或日積月累的職業疾病，而受到損失。人力既然是企業的最重要資源之一，如何加以保存和愛惜，便是本章的課題。

工作安全措施，旨在減低和避免工作意外的發生。工作意外泛指所有突發事情，導致物件（如機器、廠房）的破壞或員工的傷亡。工作意外的發生，通常是員工的不安全行為及企業的不安全工作環境所導致。

職業保健計畫，旨在減低和避免員工職業疾病的形成。職業疾病與工作意外略有不同，工作意外通常是一次突發事件引致，職業疾病則是經年累月的結果（如煤礦工人的肺病）。職業疾病的形成，通常是工作環境不衛生、不安全、以及員工工作壓力過大所造成。

為了有系統地簡介工作安全和職業保健的課題，本章將首先綜覽兩者的重要性，然後再分別討論工作意外和職業疾病的成因與解決方法。最後，再綜合探討企業如何有效地推行工作安全措施和職業保健計畫。

第一節　工作安全和職業保健的重要性

企業往往為了利潤、效率和時間的因素，過分急功近利，而忽略了工作安全和職業保健的考慮。事實上，員工的工作安全與職業保健，與

企業的長遠競爭能力，有著重要的影響，現分四方面簡略分析：

1. 成本考慮

工作意外和職業疾病，提高企業可見和不可見的成本。可見成本是能以金錢衡量，包括工作程序的中斷、機器的損壞、員工傷亡賠償，員工的替換成本、員工的傷殘薪金津貼、企業的醫療設備費用、企業所付的勞保費用等。不可見的成本包括員工士氣的低落、企業的對外形象受損、員工的缺席率和流失率增高、企業的招聘能力降低等。這些可見和不可見成本，都與企業的工作意外和職業疾病的嚴重程度有關。若是某企業在這方面處理甚差，可導致企業倒閉的危機。

2. 工會的關係

由於工作意外和職業疾病都是工會十分關切的問題，企業若在這方面不加重視，將造成企業與工會的關係惡化，進而影響員工士氣問題，甚者有罷工的可能。

3. 法律上的責任

企業對員工的安全和健康，在法律上負有責任，若員工的傷亡是與企業的失誤直接有關，企業可能面臨法律上的控訴。此外，企業所付的勞工保險保金，亦與企業的安全紀錄有直接關係，以提高企業對這方面的重視。

4. 社會與人道責任

企業在社會的責任，除了賺取利潤外，亦應是對社會及人民有所貢獻。因此，在賺取利潤之餘，企業亦應從人道立場，顧惜員工的安全和健康。再者，每個員工的安全和健康，亦影響著其家人和親友的生活，因此應加以注意。

第二節　工作意外的成因與預防方法

在設計工作安全措施之先，必須了解工作意外的成因。工作意外的成因可歸爲兩大類：工作行爲與工作環境。工作環境又可分爲兩類：環境的安全與環境的衛生。**表 19-1** 舉例說明常見的意外成因。

表 19-1　工作意外的各類成因及例子說明

一、不安全的工作行爲：

　　．不帶安全裝備（如衣帽、眼鏡）操作

　　．除去機器的安全設施（如安全罩）

　　．使用過舊或已壞的機器

　　．超速地使用機器

　　．未得上司批准，而偷偷使用裝備

二、不安全的工作環境

　　．機器維修不足

　　．不安全的設計和建築

　　．危險的操作和安排（如高疊貨物、過擠的通道等）

　　．沒有提供安全裝備（如衣帽、手套、眼鏡等）

　　．機器沒有安全設備

三、不衛生的工作環境

　　．物理方面：噪音、過熱、輻射、震動等

　　．化學方面：塵埃、氣體、化學物品等

　　．生物方面：細菌、昆蟲等

　　．心理方面：工作環境所構成的壓力、不安和緊張

　　每當工作意外發生後，管理人員必須記錄事件和調查成因。這樣，當大家記憶猶新時，可精確地記錄事件。此外，查明原因後，應立刻採取矯正行動，以免重蹈覆轍。成因的查明，是處理工作意外的重要步驟。由於每個企業的工作意外成因不同，企業應按其問題而訂立措施，因為不安全的工作行為和不安全的工作環境，是需要不同的方法來改善。

一、改善不安全行為的方法

　　企業一般使用不同的方法改善員工的不安全行為。常見的方法有四種：

1.招聘方面

　　由於不同的員工對工作意外有不同的傾向（Accident Proneness），企業在招聘員工時，可儘量避免意外傾向高的員工。影響員工意外傾向的因素很多，包括年齡、工作年數、視力、聽覺、動作技能、聰明、冒險取向、和易疲倦程度等。研究顯示，年紀越大的員工，意外率則越低，工作年數越長的員工，意外率亦越低。

2.培訓方面

　　企業也可對監管人員和普通員工進行安全訓練。訓練內容包括安全守則和法規、安全措施、如何察覺危險的存在、違反安全的紀律問題等。但除了培訓內容外，最重要的是企業必須貫徹執行員工所受訓的項目，否則訓練的結果只是徒勞無功。

3.安全守則和控制

　　企業也可詳列安全守則，闡明員工應做及不應做的行為，印成員工安全小冊子。員工違反守則的處分，亦應清楚列明。此外，企業亦可在顯眼的地方，張貼一些工作安全標語。

　　最近也有專家學者提倡，在企業進行工作分析時，把員工安全的考

慮一起探討，然後訂出工作描述，列明什麼是員工安全的工作方法。

4.獎勵

以獎賞的形式，鼓勵員工安全的工作行為，也是企業可使用的方法之一。例如透過安全競賽（部門與部門間的比較，或部門本身以現在的安全水平與以前的紀錄比較），企業可激發員工改善工作行為。獎勵形式各有不同，有些企業以表揚方式進行，也有些企業以獎金鼓勵員工。

二、改善不安全工作環境的方法

由於企業工作環境不同，改善的具體內容和方法也有差異。但基本來說，改善工作環境的程序，可分四階段進行：

1.設立安全工作環境的標準

企業必須參考一些標準（如環保部門、勞工部門、或國際機構的標準），制訂企業在各方面所期望達到的安全標準。

2.審查不安全的工作環境

然後企業應定期審查企業那些工作環境不合乎安全標準。安全審查的透徹程度，是決定企業安全措施執行的重要一環。審查結果應作紀錄報告，以便將來比較和審察。

3.進行改善行動

改善行動應有計畫地進行。在某些情況，需改善的行動十分簡單，但有些情況，需改善的行動卻十分複雜和費用龐大（如新裝備的購置）。故此，改善的行動應與企業的規劃配合，然後逐步推行。

4.設立足夠的控制方法

當企業採取改善行動後，企業還應設立一些途徑和方法，確保安全措施的貫徹執行。例如，企業在安裝機器安全罩後，員工有可能把它除去。因此，如何使這些安全行為落實地執行，也是企業應考慮的因素。

第三節　職業疾病的成因與預防方法

　　職業疾病的成因，主要是工作環境的不衛生而引致。**圖 19-1** 所提供有關四方面的工作環境衛生（物理方面、化學方面、生物方面、和心理方面），是直接影響員工健康的因素。職業疾病的發生，很多時候與員工從事的行業和工作有關，因此，不同行業的員工，對患上不同的職業疾病有不同的感染率。例如，從事醫療服務工作人員，往往容易受到有毒化學品、病菌、和輻射所影響。另外有些行業如電子、油漆業等，因生產過程應用到一些溶液，以致對懷孕胎兒有影響。此外，長期對著顯像螢幕(如電腦、電視機)的工作人員，也由於輻射的關係，而影響胎兒、視力和疲勞程度等。最後，在工作場所吸煙，也被認為與員工的肺病有關。

　　表 19-2 列舉一些減低員工職業疾病的方法。至於員工因工作壓力而產生的情緒、生理和心理影響，將分別詳細討論。

表 19-2　減低職業疾病的方法

- 代替毒性較高的原料
- 遠離或封閉危險程度高的生產過程，代以自動過程或遙控方法操作
- 將有害健康的生產設施與其他生產設施隔離，提供特別裝備給那些需要在有害健康的設施工作的人員
- 通風系統
- 潤滑方法生產（減低塵埃）
- 員工使用保護器材，如呼吸面罩
- 減低工作時間或增加員工輪調
- 注意個人衛生，如經常洗手、使用保護藥膏
- 經常清理工作場所和維修

　　當員工面對著難以應付的工作或工作環境時，員工便經歷到工作壓力。由於工作壓力帶來的種種影響，它亦被列爲最常見的職業疾病之一。圖 19-1 簡介工作壓力的起因與結果：

圖 19-1　　工作壓力的成因與影響

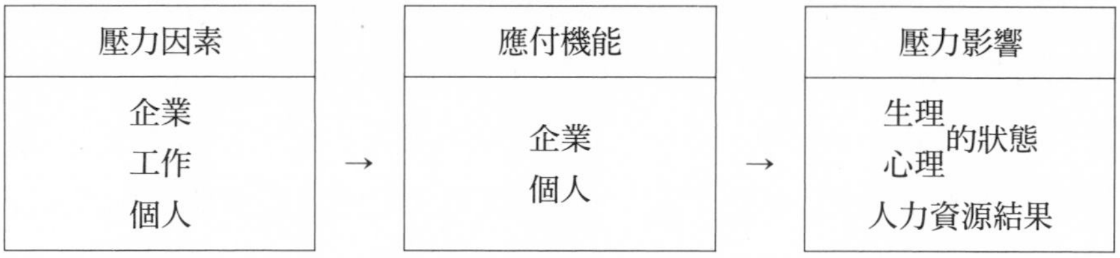

壓力因素		應付機能		壓力影響
企業 工作 個人	→	企業 個人	→	生理 心理　的狀態 人力資源結果

　　任何可能引起員工工作壓力的原因，都稱爲壓力因素。壓力因素乃包括企業的政策（如薪酬制度）、工作特點（如工作的變化程度）、和個人因素（如員工性格）。可是，這些壓力因素對員工所造成的影響不一，要看企業和員工的應付機能。應付機能是協助員工吸收壓力因素的方法。例如當某員工未能得到渴望已久的升職時，企業可能藉著績效評估的反饋解釋爲什麼他未能晉升，或是員工亦可能說服自己，相信升職對他也不一定有好處，以減低未能升職造成的壓力。由於每個員工應付壓力的方法不同，壓力因素所帶來的影響也不一樣。

　　圖 19-1 列舉工作壓力帶來的影響。生理上，工作壓力的影響包括高血壓、流汗、食慾大增或食慾不振、酗酒或吸毒等。心理方面的影響包括精神緊張、精神衰退、自尊心喪失及無助感等。最後，工作壓力也影響到人力資源的結果，如員工滿足減低、缺席率和流失率提高等。

　　由於工作壓力的普遍存在，很多企業使用不同的方法幫助員工應付壓力。在個人方面，企業開始提供室內運動場所、健身室，以供員工運動和健身之用，亦提供一些關於飲食和營養方面的講座，以及默想和鬆弛神經的方法。小組方面，協助成立不同類型的互助小組，以幫助員工

在面對同一問題時（如酗酒、精神緊張）能互相支持。企業方面的努力則有工作的重新設計、工作責任的澄清、企業溝通的開放、健康和運動設施的設立、以及員工的諮商等，都是企業幫助員工應付壓力的方法。

員工諮商服務，亦稱為員工協助計畫（Employee Assistance Program），旨在幫助有需要的員工重新恢復正常和有效率地工作。由於員工面對的問題是多方面的，因此企業也提供多類型的諮商，包括精神問題、壓力、酗酒、吸毒、賭博、家庭和婚姻問題、法律或財政上的困難等等。諮商人員通常都是專業人士，但監管人員亦應接受基本的諮商技巧，如聆聽、非指導性諮商等，以協助或察覺其下屬的困難。

第四節　工作安全措施與職業保健計畫推行的要素

在討論工作安全措施與職業保健計畫的內容後，我們最後綜合討論如何有效地推行這些措施和計畫。研究顯示，決定這些計畫的成敗有五個因素：

1.高層管理人員的支持

由於企業的生產和利潤壓力，經常來自高層管理人員，因此他們對工作安全及職業保健的重視和支持，乃是決定這些計畫成敗的最重要因素。高層管理人員的支持，可透過多方面表現出來，例如對員工及監管人員安全訓練的提供、把員工安全及健康的紀錄列入監管人員的績效評核之中、安全委員會的成立、資金和資源上的分配和支持、以及訂立企業對員工安全和保健的政策等等。

2.監管人員的角色

監管人員乃推行安全措施和保健計畫的重要人員之一。其工作可分為四方面：(1)審查所有意外的成因；(2)定期檢查其工作地域，減低工作

意外的可能性；(3)訓練所屬員工，使他們清楚如何安全地工作；(4)激勵和鼓勵員工安全地工作。

3.人力資源管理人員工作

在大多數企業中，工作安全和員工保健的任務，乃歸人事管理部門所管轄。最主要原因，是人事管理工作與員工的安全和保健息息相關。例如，人事部門可透過培訓介紹及強調工作的安全，並訓練監管人員和管理人員基本的諮商技巧。此外，績效的評核、工作的設計、勞資的關係等等，都直接與安全和保健工作有關。

4.安全和健康的紀錄系統

在改善員工工作安全和職業健康時，一個常見的問題就是企業缺乏完善的系統，記錄意外或疾病發生的次數、原因、及受害人特徵等。這些資料對於企業的改善和預防措施，可提供重要的根據。

5.專責小組

假若企業的安全和保健不歸人事部門管轄，企業有需要成立安全委員會，負責統籌有關工作，包括向高層管理人員提議一些安全措施、訂立安全守則和法規、定期進行安全檢查、推行安全比賽等等。委員會成員應包括員工、工會代表、安全專家、以及管理人員。

第五節　小結

本章已概略地介紹員工工作安全和職業保健的一些基本概念、內容、和推行方法。但最重要的觀念是，人力資源既是企業最寶貴資源之一，企業若能加以重視和保護，就長遠來說，員工亦會更盡心盡力地為企業工作。此外，企業的成本、企業的公共形象、以及企業的招聘能力方面，都與企業在員工工作安全和保健的工作上有相互關係。

第二十章
勞資關係

　　勞資關係本在求有效地確定雇主與受雇員工相互間的權利義務關係。透過這種特殊關係，企業得以有效管理員工，完成企業經營的目標和策略，而員工則滿足其個人在工作上所追求的目標。這種人與人之間關係的界定，大半與歷史文化背景有關，所以每個社會的勞資關係也就不同。這種關係也會因雇主的個人價值觀念和信仰與企業文化的不同而有差異。契約的基本精神本在求當事人的自由意志，使契約訂定合理並為雙方所接受。隨著工商業發展，一方面受雇人數的大量增加，尤其企業日趨龐大，員工人數動輒上萬，而其等工資也成為生活上的唯一依賴，員工與雇主的關係日趨重要。另一方面工商業競爭激烈，雇主也需要有效管理員工，使得一般勞工與管理者的關係變得複雜而重要。尤有進者，普遍政治發展趨向民主，多數決定的觀念逐漸深入不同社會，勞工也因人數眾多自然集合結社，形成一股力量，影響政府法律規章的制定，益發使得勞資關係變得重要。此外，因企業龐大，工會代表勞工人數的眾多，其間關係的發展也影響消費大眾的權益，勞資關係不再是雇主和員工間的單純契約關係，而必須考慮第三者的利益。本書勞資關係，即從這個觀點，分析工會的形成及其與資方關係的發展。

第一節　工會的形成及其主要功能

工會形成乃是賴工資維持生存的員工，基於自身立場，認爲必須藉著集體組織的力量，方足以有效與企業資方訂定合理的契約，謀求自身利益之改善，解決勞工面臨的問題。工會形成通常經過下列幾個階段：

1. 初期的接觸

勞資關係的雙方當事人或者是其他有關係的第三者，如政黨、政府勞工主管部門等，認爲在當前勞資雙方關係的運作上，有組織工會的必要，均可提出，共同討論。

2. 組織活動的認可

一旦組織工會的要求提出，負責勞工當局便決定這個要求的合法性及可行性。例如員工的連署簽名或員工授權下均可有效證明相當部分的員工有此意願。有時勞工當局也透過私人管道或公聽會的方式以求證組織工會的需要程度。

3. 工會位格的決定

至於工會組織究竟應代表那些員工，其範圍的界定不外考慮員工的意願、員工的工作地點、雇主的管轄權範圍、員工工作調升的範疇、以及員工工作與最終產品的相關程度。

4. 工會代表權的裁決

基於不同政治和社會環境，勞工管理當局或以行政命令方式決定工會是否得以成立，或主持公開投票，決定會組成的要求是否爲大多數員工所同意。

5. 工會代表的選定及工會運作章程

一旦工會被大多數員工投票同意成立或被勞工主管當局以行政命令設立。工會的代表及有關章程，通常也經過相類似的方式決定，而日後

工會的運作就按法律規定、工會章程、和勞資特定關係及習慣進行。

　　工會的主要功能在於勞資的集體談判和談判後契約的履行。在勞資集體談判過程中，工會常採取主動，積極提出不同的要求以及管理員工的方法。但在勞動契約的執行過程中，卻採被動的做法，只有在員工認為雇主在執行勞動契約有偏差時，工會才參與申訴的處理。

　　工會的主要功能有下列幾點：

1. 工作規範的建立

　　指員工在其工作上的權利義務敍述。由於管理員工的權利屬於資方，這種規範的建立通常採用列舉方式，提出管理當局不可採用的管理方式，是比較消極的禁止，而對未列舉的部分，則歸屬於管理當局的裁決。

2. 決定報酬的標準

　　由於工會代表員工，同工同酬自然適用每一個工會員工。但報酬的高低，不但考慮到員工工作的價值，也將雇主的給付能力一併列入討論，成為談判的主題。

3. 決定報酬的方式及項目

　　工會不但要求報酬的高低一致，對報酬的給付方式，也要求雇主配合。不但如此，新的報酬項目也因時代需要而產生，在這一方面，工會總是採取主動，這一點在員工福利的給付上最為明顯。

4. 管理重點的安排

　　工會為反應員工的需要，對勞資相互權利義務上常做不同的重點要求，調整反應員工的意願，如不景氣時，工會便強調工作保障，而不是薪給調整。

5. 員工申訴之協助

　　在日常勞資契約履行過程中，若員工認為管理當局，沒有按照契約的精神和內容執行，損害其個人權益，員工個人或工會可向管理當局申

訴，通常申訴的程序及參與勞工代表也都列在勞動契約裡面，工會以同情第三者的立場，協助員工處理申訴問題。

6.教育勞工

工會不時教育勞工，提供最新勞資關係發展動態，傳達管理當局對勞工問題的觀念和意見。另一方面，也不時透過不同管道，了解員工的意向，並反應給管理當局。

第二節 集體談判方式及內容

集體談判是勞資雙方推派代表，各按其自由意志，以口頭及書面文字方式，同意雙方之權利義務的協議過程。所以員工若無代表，或沒有工會代表他們，集體談判不會發生。即使有工會代表員工，若是在法律規章下，並無集體談判的規定，集體談判也不一定會發生。也唯有在一定法律體制下，勞資雙方都願意以集體談判的方式，解決勞資間的爭議，集體談判才會發生。集體談判過程中，端視爭議問題，可以分成下列幾種談判方式：

1.分配式談判(Distributive Bargaining)

當談判兩造所談的主題意見不一致，而這種不一致又會造成一方的損失及另一方的獲得。這種狀況又叫零整合(Zero Sum)式的談判，談判結果不是一方勝就是另一方敗。許多談判內容均屬這一類，如勞工工作時間和工資。

2.整合式談判(Integrative Bargaining)

談判雙方試圖共同解決一個對雙方都有益處的問題，這些問題多半和員工工作素質提升有關，例如工作安全。

3.態度導向談判

這種談判的重點在改變談判雙方的態度。個中涉及談判者及其所代

表的勞資雙方，其等在談判過中所採取的是衝突還是合作的態度，在解決問題上是否願意以談判方式或以其他方式進行。因為這種態度和想法，會影響日後勞動契約的履行以及未來的談判。

4. 內移談判(Intraorganizational Bargaining)

在談判的過程中，雙方代表必須經常與其所代表的勞資當事者取得聯繫，甚至與自己所代表的人談判，說明當前狀況，取得意見的一致，增加談判的力量。當勞資雙方在談判內容上有極大差距時，這種內移談判制就會發生，其主要目的在重新衡量自己的立場和談判策略。

集體談判不是可以任意將一項內容提到談判桌上，有些談判項目是法定必談項目，有些則屬勞資雙方共同同意的項目。集體談判的內容可分成好幾方面：

(1)待遇：這是談判的重點，工會不但要求待遇的實質提高，也要求待遇結構的公平合理。待遇可分四小類：

a.本薪：包括薪級、起薪、加班費、獎金、薪給的調整方式等。

b.保險：主要項目有人壽、醫療、意外、傷殘、牙齒、眼睛、藥劑、生產、開刀住院等。

c.退休：除退休金外，其退休後保險項目也在內。

d.收入保障：包括資遣和解雇的費用給付。

(2)工作保障：主要在給員工適當的工作所有權，只有在特定狀況下，資方才可以資遣或解雇員工。工作年資和工作保障息息相關，解雇的人選通常都從年資淺的員工開始。當資方經營狀況好轉，被解雇的員工也有優先權被雇用。

(3)工作時間：雖然政府法令都有工時的規定，工作時間仍然有許多項目值得討論，如每日或每月工作時數、工作時段、加班時間及時段、事假、病假、上班休息、彈性工作時間等。

(4)管理人員和工會代表的權限：就工會代表而言，其等權限包括參

與集體談判、資方或勞工有關資料的取得、問題的調查權等。就管理人員而言，權限的敍述通常採取綜合包括式，對於比較重要管理權才予列舉，如工作外包權、技術改善、生產作業的管轄權等。

(5)處分紀律和開除：紀律的維持通常授權予管理人員，但其等權限必須與工作有關才行。除此，任何紀律或處分的執行必須一致，不可因人而異。

(6)申訴程序：主要在針對管理人員執行紀律處分時，給予員工一項保障，通常工會代表會參與紀律處分的申訴程序。

第三節　集體談判的過程

集體談判的過程包括談判雙方書面文件的準備、談判策略的擬定、說服談判對方、預估最終同意契約的成本代價。代表資方的應準備下列資料：

(1)勞資契約的書面建議。

(2)企業整體及個別運作的成本數據。

(3)個別談判要點的成本敏感性分析。

(4)實際願意擔負的成本數字。

勞工談判代表則會準備下列資料：

(1)企業給付能力的資料。

(2)管理人員對個別問題的態度及意見。

(3)員工的需要和態度。

勞資雙方集體談判中，有一項重要的觀念，就是估計或試圖了解對方同意和不同意某項條件的相對成本。因為談判一方同意或不同意一項條件，完全根據自己的成本比較，而與對方的損失或獲得無關，當談判一方發現同意一項條件的代價，低於不同意該項條件的代價時，便自然

樂於同意對方所提之條件。例如，勞工要求加薪會使企業破產，毫無疑問的，企業一方絕不可能同意任何加薪要求。同樣相似的例子是勞工代表要求加薪，企業代表不同意，但是企業若發現，不同意的結果是短期罷工，造成企業損失，若這項損失數字大於同意原先加薪的成本數字，企業是會接受加薪的要求。

談判的策略運用也與談判雙方的力量大小有關。談判力量的大小在於：(1)企業產品保存期限 (Perishability)，如飲食、旅遊；(2)談判的時間，如假期的運輸業；(3)可以代替員工的有無；(4)可替代產品的有無；(5)談判代表的個性。當然勞資雙方的關係也會影響策略的運用。

談判會陷入僵局，主要原因有二：一是勞資雙方的立場相差太遠，無法折衷；二是一方在談判策略運用過程中，拒絕與對方溝通或者拒絕提供有關文件。試圖打開僵局的主要方法有兩大類，第一類是暫時中止企業運轉，讓對方遭到多方面損失，以致願意同意乙方的條件，第二類是尋求中立第三者居中協調。

1.停止企業運轉

(1)罷工：這是最常見常用的手段。通常發生於勞資契約逾期而續約談判仍不成功時。這種罷工稱之為經濟性罷工。有時罷工發生於勞動契約的有效期間，這種隨意罷工(Wildcat Strike)發生時，管理一方可以對罷工員工予以紀律處分，尤其是許多勞動契約都有規定，禁止在契約有效期間，員工進行罷工的行為。

(2)圍困(Picketing)：指員工運用遊行、發傳單的方式告知第三者大眾，其與資方有爭議，藉以取得第三者如消費者的同情，進而對資方採取壓力如杯葛產品，迫使資方接受所提之條件或回到談判桌上繼續談判。

(3)暫時關門(Lockout)：相同地，資方可以將工廠暫時關閉停止運轉，不給員工工作，造成員工的損失，直等到勞動契約簽定後再恢復運

轉。

2.第三者協調

(1)協調者(Mediator)：協調者主要在使勞資雙方立場明朗化，其等通常沒有強迫雙方接受契約的權力。協調者通常奔波勞資兩造之間，傳達立場，有時也可以提出自己的建議，讓勞資雙方考慮。一般說來，協調者立場必須公正，且得勞資雙方的信賴，協調的成功性才高。

(2)仲裁(Arbitration)：仲裁者也是經過勞資雙方同意的人選，進行裁定的工作。通常在勞動契約裡都有設定仲裁者的規定，並給予仲裁者協調及做最後裁定的權力。仲裁者聆聽勞資雙方立場和意見後所做的仲裁，勞資雙方都必須遵守。仲裁的方式很多，有些限制仲裁者裁決的幅度，有些規定仲裁者本身不能提出折衷方案，而必須決定一方的建議，這又叫最終條件仲裁(Final Offer Arbitration)

(3)停止令(Injunction)：勞資雙方均可向法院要求頒佈停止令，由法官決定暫時解決勞資爭議的方式，直等到勞資雙方獲得長期性的協議。法院所頒佈的停止令通常是維持現狀，要求爭議雙方回到談判桌繼續談判，以便取得協議。

一旦勞資雙方代表取得協議，代表雙方便回到其所代表的一方，要求其同意所談妥的條件。工會通常會採取投票方式，決定員工大眾是否同意勞工代表所談妥的協定，萬一投票結果不贊成代表所獲得的條件，勞工代表必須回到談判桌，繼續和資方代表進行談判。

勞資契約經過雙方同意簽定後，契約的執行就大部分落在資方的身上。不像在談判時段，勞工代表採取主動提出各項條件要求，所以契約內容大都與員工要求有關。在契約執行過程，資方採取主動，履行契約的要求，在管理上做各項決定，一旦資方的決定及行為若與勞動契約規定不一致時，便可能發生爭議，解決這種執行上的爭議，通常有申訴程序。申訴可分下列四個階段：

(1)員工若覺得資方的做法不合契約規定時，可要求工會幹事(Steward)一起向其直屬上司討論爭議的問題。申訴的提出可以口頭或書面方式行之。

(2)如果問題在第一階段不能獲得解決，這時候工會代表和資方代表會以其等專業知識，對爭議問題做一解決。

(3)如果爭議問題事關重大，資方高階管理人員和工會主席會加入討論，一般來說，爭議問題都會在這個階段獲得解決。

(4)如果勞資雙方對於契約規定仍持不同意見，最後階段就是第三者仲裁。這裡仲裁者的決定通常都有約束力。仲裁者會舉辦公聽會，聆聽雙方陳述意見，做最後決定。由於仲裁費用是勞資雙方負擔，所以許多問題就在企業內部解決。

在勞資契約的執行過程中，一般爭議的項目與集體談判項目略有不同。主要原因在於契約不能將所有項目都明文規定，有時候契約又不便或未能清楚界定某些項目，一旦執行上發生不同意見，爭議便接著發生。現就這些項目加以列舉：

(1)工作慣例：任何工作場地隨著時間過去，都會產生一些工作習慣，在這些工作慣例的產生或者取消禁止過程，或多或少會產生勞資雙方的磨擦，導致爭議。

(2)員工不服從：由於管理人員有權指揮員工從事其分內工作，但工作界定不見得清楚，易導致管理人員與員工在工作內容界定上觀點不一，結果當管理人員要求員工執行某項任務時，員工很可能認為不屬其分內工作，而不願意執行。

(3)缺勤：缺勤所造成的爭議，大都是過度缺勤所引起的處分，員工和管理人員對於如何處分、處分的輕重、處分的一致程度都會造成爭議。

(4)違規：這與缺勤相似，員工違規所受的處分也常造成爭議。所不同的是，規定通常有例外，如何界定例外，在何種情況下才算違規，又

是一個常爭議的問題。

⑸偷竊：員工因工作方便使用公家器材，有時據爲己有，當然偷竊行爲會引起處分，但引起爭議的不是偷竊行爲本身，而是在偵定偷竊行爲的過程。

⑹員工個人行爲：當員工個人行爲影響工作的進行或效率時，管理人員會予以糾正，尤其是吸毒、打架、酗酒等。這種糾正也常引起爭議。

第四節　勞資關係的發展

企業生產的潛力和未來發展所仰賴的因素是多重的，勞資關係的和諧是其中之一，日本式管理之所以被人稱道，乃在其有以廠爲家的員工、有終身雇用的企業、有良好合作的勞資關係。如何發展和諧的勞資關係，是每個企業應努力追求的，尤其在人力資源策略的運用上，這種和諧合作的關係是非常重要的條件。

首先，企業必須了解勞資關係的成長是必須付出代價的，歐美國家勞資糾紛的前車之鑑，清楚地指出企業必須面對這些糾紛愼重加以處理。企業不能再以敵對或衝突的觀念，應付這些勞資之間的爭議，若不能以合作的信賴的態度去處理，至少要調整自己的心態，適應當前的環境。勞資之間的爭議不會因爲管理當局不聞不問而消失，若不面對問題，最終損失的可能還在企業本身。

其次，勞資關係的建立是長期的，與企業文化有密切的關係。高階管理的行爲和做法反映出其等在管理員工上的心態和思想，企業對勞資關係和管理員工所做的承諾，不會在短時間落實，只有在長期的問題處理上，才能看出管理者的思想意念，這個管理哲學隨著時間發展就成爲企業文化，進而影響企業處理事務的做法，企業若無調適的企業文化，在勞資關係或人力資源作業上，就難以推展。

　　第三，要建立良好的勞資關係，體認員工個人的需要和問題是非常
重要的。雖然在管理學上對員工整個的投入企業有不同的看法，要員工
能專心貢獻己長，滿足其個人的需要是不能忽略的。企業若能眞正了解
員工所面臨的問題，這在勞資關係上就已經邁向前一大步，而企業如果
能主動提出解決或予以協助的辦法，和諧的勞資關係應是可以達成的目
標。過去勞資爭議中，員工會提出許多一般性要求，多少反映出企業對
員工漠不關心的態度。

　　第四，勞資關係就像其他人力資源作業一般，日趨複雜，許多企業
都設有專業人員處理這方面的問題，這是一個進步可喜的現象。不但如
此，企業對其管理人員也多加訓練，使其了解勞動契約的內容，進而具
備履行契約、執行日常管理工作的能力。

　　最後，勞資關係一直存在，只要雇用關係存在，資方總要遭遇這個
問題。不做任何決定或採取逃避的辦法並不代表沒有勞資關係，只是這
些關係不會明顯地記載在契約上，而是反映在企業的日常管理決定中。
在現今勞資關係發展過程中，不做決定的決定顯然是不合時宜的。也只
有在面對問題的過程中，勞資雙方耐心地聆聽對方的建議，勞資關係才
有改善的可能，這其實也是企業應該努力的方向。

第五節　　小　結

　　勞資關係是人與人之間關係的延長，這種關係的界定和社會歷史文
化背景大有關連，本章試圖從兩個角度介紹勞資關係。一方面以工會爲
代表的團體契約關係，說明這種關係的形成原因及其主要功能，並進一
步分析這種關係的發展以及解決關係僵化的辦法。這些辦法的產生並不
代表最好的，而只是在當時環境背景下的產物，也惟有在雙方努力下，
這種關係才有改善的可能。另一方面以企業管理人員所持的心態，來說

明即使團體契約的關係不存在，個人之間的契約和相互雇用關係仍然存在，而這種個人間的關係，依然受到社會和文化的影響，仍然需要加以注意管理。企業經營若要更進一步，這種關係的處理是必要的。

　　從策略管理的角度看，勞資關係一方面是文化和社會的產物，另一方面也受到企業管理者的心態影響。何種勞資關係最為恰當，則視企業所採的策略而定。在**表 20-1** 中用兩個層面來看，若從管理者觀念著眼，要員工能創新，資方必須有合作的誠意，要提高品質，雙方也許要具備公平競爭的精神，要能降低成本，管理者可能只要將就某些條件就可完成。從員工參與角度來看，要其創新，參與程度必高，而要品質提高，中度參與即可，若要降低成本，片面的決定有時也可能有效，員工參與程度最低。美國郵遞服務公司的例子正說明這點。

表 20-1　策略、理念和勞資關係

勞資關係	策略方式		
	投資創新	提高品質參與決策	降低成本吸引員工
管理者理念	合作	競爭	將就
員工參與程度	高	中	低

第二十一章
人力資源電腦化

　　電腦應用普及已是不爭的事實，而企業電腦化更因個人電腦(Microcomputer)的發展而急速變化，不但一般文字處理(Word Processing)和會計帳目的計算(Spread Sheet)的應用已是每個中小企業所不可缺的工具，各項資料的儲存，尤其是文字資料，也因儲存媒介的發展和檔案管理(File Management)的引入成為電腦化中重要的一項工作。加上資料庫(Database)套裝軟體的引進，許多不同功能的軟體設計都使得人力資源管理作業在電腦化上的運用變為可能。造成人力資源電腦化的主要原因如下：

　　⑴電腦的發展日新月異，目前已能有效儲存幾乎任何資料，其中包括一般文件的儲存。人力資源作業大半是文字性的，現今文字處理的套裝軟體，已能處理信件或文稿的輸入與輸出、和一般信稿格式的安排。加上電腦儲存記憶媒體的發達，儲存這些文件在電腦中可能比實質文件的儲存更方便、更低廉。

　　⑵電腦的計算能力也因硬體的發展和特殊軟體設計的配合，可以模擬許多以往不能做的作業處理，透過這些模擬或計算，也使人力資源作業部分電腦化成為可能，如訓練上的企業競賽等。這些模擬計算的結果，可以幫助人力資源管理作為決策的參考。

　　⑶同樣重要的是，當電腦儲存所有重要的人力資源作業資料時，整體的人力資源作業面貌可以從不同檔案資料相互比較運用分析獲得，這

種比較不單是限於人力資源作業，也可比較人力資源與其他功能作業的相互關係。

　　(4)人力資源研究發展與運用，也拜電腦發展之賜，人力資源電腦化的領域也因此擴及到傳統人工作業的範圍，如薪資、福利、訓練，也同樣擴充到以往人力資源所不能做或被忽略的作業，如人力資源規劃、員工態度量表的分析等。也因為電腦的關係，人力資源的理論與實務均得到發展。

第一節　人力資源電腦化的重要性及範疇

　　人力資源電腦化本在利用電腦的特殊功能和速度，使人力資源作業的程序及方法更為有效。本質上電腦化是一個輔助性的措施，所以人力資源本身的重要性，就是人力資源電腦化的重要所在。只是電腦化的應用在下列三方面可以看出電腦化的重要性和必要性：

　　(1)電腦化不但可以增加人力資源作業的效率，提供以往所不能提供的資料，同時也可以減少不必要的人力物力浪費。機器代替勞力，電腦輔助人腦是必然趨勢，所以從效率和成本兩個角度看，企業必須加速其人力資源作業的電腦化。

　　(2)電腦化可以提供整體的人力資源資料，透過其特殊的功能，比較人力資源管理的各項作業，分析其間的關係，進而可以了解整體人力資源作業的方向和重點，真正實行企業所定的人力資源策略。

　　(3)電腦化所儲存的人力資源資料，也可以和其他功能的資料相聯繫做比較分析，進而達成企業資料庫(Corporate Data)的理想，使人力資源作業與其他功能作業相連，如銷售人員的業績和獎勵與行銷市場佔有率的關係，或是加薪幅度與生產成本的比較等。

　　目前電腦化在人力資源管理中，大致偏重於下列幾項：

1. 人力資源資料庫的建立

這是其他人力資源管理作業電腦化的前提，良好的人力資源檔案管理乃在對每一個員工的一般性資料均能及時掌握及處理。

2. 薪資作業電腦化

這是人力資源管理作業最先進入電腦化的一項。不但員工個人薪資納入電腦，透過銀行的連線作業，直接存入員工個人銀行帳戶已是正常作業。各種薪資結構的成本計算和比較，也都因電腦而變爲可能。

3. 員工福利管理

員工福利目前已成爲人力成本的重要部分，員工福利電腦化不但可以加強員工福利成本的計算和控制，同時也提供員工一些財務上的資訊，促進企業與員工間的溝通了解。有些企業更進一步分析員工健康保險的成本，藉以了解員工需要，並提供員工在這方面做其個人的選擇。

4. 員工人力規劃

企業不但從事整體的人力需求預測，在員工個人的離職、缺席、升遷等作業上均可加以分析，了解企業人力的健康狀態。對工作有關的疾病及危險也都可用電腦加以分析，減少不必要的人力物力損失。

5. 人力資源作業的報告

這些報告都是基於人力資源資料庫的內容變更或整理所產生的。一旦人力資源資料輸入電腦，若予以有效安排各項資料及紀錄的儲存及其關係，經由電腦處理，可以產生有用的報告，提供管理人員做參考。如流動率的計算、出勤率的比較、績效獎金的比例、內部甄選人員的名單、各部門預算分配的比率、員工意見和態度的分析報告等。

第二節　人力資源資料庫的建立

隨著電腦科技的發展，企業將所有重要的資料納入電腦已是普遍的

趨勢，這些資料便構成企業資料庫，而人力資源資料庫只是其中的一個次級資料庫而已。這個資料庫與其他資料庫一樣，應遵守下列管理原則。根據這些原則，企業從事資料的取得、輸入、維護等作業，並加以運用提供人力資源管理作業的資訊。

一、人力資源資料庫的管理原則

(1)資料庫資料是企業的資源，是屬於整個企業的，不管這項資料是財務上的或是人力資源上的。這些都代表企業可用的資訊，以協助企業在不同的狀況做決策的參考。

(2)資料的管理和資料的運用是分開的，因為企業資料屬於企業整體，不屬於個別部門，所以資料的管理應由專門電腦部門負責，而資料的運用就在各部門視其需要提出不同的資訊要求。

(3)資料的運用應有一定的政策和程序。資料是一項特殊資源，需要一套作業程序使用這項資源。其中包括誰能使用電腦設備？誰能輸入輸出資料？何種資料具有敏感性？資料的改變或清除？資料儲存的方式等。

(4)既然資料應用大都來自不同部門，對這些功能性的部門，電腦部門應提供一套完整取得資料的工具，不但包括硬體設備的裝置，更包括軟體的設計及作業手冊。

二、資料庫建立的要點

依據電腦資料的特性和管理原則，資料庫的建立可包括下面一般性的作業內容：

(1)企業資料政策的訂定。企業資料不但是企業資源也是企業的財

產，對於這項資產的運用和管理，企業應擬定一套政策，做為各部門使用這套資料和電腦部門管理資料的依據。這項政策的訂定與企業電腦化的程度有密切關係。

(2)資料內容和範圍的確定。這與資料的特性和最終資料的產生有密切關係。通常數量化的資料最先列入資料庫，非數量化的資料則需要特別安排和處理。而何項資料被納入資料庫端視企業需要何種資訊助其做決策。這又和企業的目標策略有密切關係。

(3)資料的取得和輸入。資料取得和輸入是日後處理的先決條件，不正確的資料會造成重大的決策失誤，不可以掉以輕心。所以資料取得和輸入都必須經過檢核。資料內容的審核通常由當事人負責，以報表或紀錄方式提供電腦部門，而後者則從資料的特性來審核，以確保資料可以被電腦處理。

(4)資料的維護和安全。資料不是一成不變的，資料儲存的方式和取得的方法也因技術的發展而改變，而資料的安全維護更是因為電腦網路的連線，而必須有效加以管理。至於資料處理所產生的中間資料或最終資料也需有系統地加以儲存和維護。

(5)資料的應用。資料的運用大致分成兩類，一類是預先指定的報表和資料輸出，這和資料範圍的確定是相互關連。有一定輸入資料，才能有某一類的資料輸出是資料處理的原則。另一類的運用大都屬於特殊或偶發的資料處理。這個處理仍然根據前述原則，特殊報告的產生仍然需要有關資料的存在才能得到。若資料不足或欠缺，電腦是不能產生所要的報表或紀錄。

(6)資料使用的紀錄。這是電腦內部的統計作業，在了解資料的使用情形，以便在資料的安排上更合乎經濟效率的原則。

三、人力資源資料庫的內容

人力資源資料庫的建立，本在將相關連的資料集合在一起，藉以提供一些有系統的情報供管理人員做參考。所以人力資料的安排，也是以相類似的觀念，將有關項目加以組合構成資料庫。一般來說，人力資源資料庫包括下列主要項目：

(1)一般人力資料：其中包括員工姓名、員工代號、員工身分證號碼、工作單位、職位頭銜、教育程度、雇用日期、專業領域等。

(2)待遇：包括薪金、薪級、待遇來源、獎金給予等。

(3)稅負：包括撫養人數、預扣稅額、寬減額度等。

(4)出勤：包括缺席次數、時間、出勤獎金等。

(5)工作：包括工作類別、工作頭銜、職級、頂薪點等。

(6)醫療：包括病歷、性別、住院等。

(7)退休：包括退休日期、服務年資、退休指數等。

(8)保險：包括牙齒、健康、人壽等。

(9)離職：包括離職日期、原因。

(10)特殊項目：這個項目通常儲存敍述性的文字，旨在對員工的狀況有更清楚的了解。

第三節　人力資源電腦化的應用

企業電腦應用是漸進的，一方面基於電腦科技的發展，擴大電腦應用的範疇，一方面是人力資源管理的專業進步，產生可以量化的數據或提供一些比較嚴謹的模式或公式分析自身作業情況。所以在人力資源管理電腦化的過程，有幾個應用的方向：

1.人力資源成本的具體化

　　人力資源管理在企業功能上仍然屬於輔助性的，所以成本的控制和有效管理是重要課題。在人力資源管理中的各項作業，成本的因素不但可加以討論，並可經由電腦的輔助，產生許多有意義的資料，提供管理人員做決策的參考。例如離職成本的計算、缺席造成的損失、意外傷殘的損失、員工福利的成本等。一旦具有這些成本的資料，人力資源管理人員或高階管理人員，必然會仔細考量當前人力資源作業和措施，並加改進。

2.人力資源作業的數量化

　　人力資源管理不但需要完整的理論架構，在應用上也應反映理論的中心思想。電腦的應用，使人力資源作業趨於量化，印證作業本身的價值。這些數量化的過程，也幫助人力資源管理人員，分析各項作業的關係。例如預測指標的信效度係數計算、預測指標與工作績效的相關係數、信效度係數和基本比率、甄選比率的比較關係、員工態度量表的分析、企業薪酬的公平分析、訓練有效性的確定等，都清楚表示電腦化所帶來的衝擊和結果，人力資源管理勢必走上科學化的道路。

3.人力資源作業的理性化

　　因為電腦的儲存能力大幅度提高，人力資源作業的敍述性資料也逐漸放入電腦，這些事實的記載，幫助人力資源管理人員了解整個問題的背景和發展，更重要的是，個人資料的儲存登錄，使企業對每個員工更能充分了解其個人的能力和態度。例如個人技術、知識和能力與其個性、興趣和喜好的比較分析、員工諮商的提供、員工訓練需要的確認、晉升候選人的選定等。

4.人力資源的策略化

　　企業經營策略和人力資源管理策略都有規劃的涵義，既然要規劃就需要相關資料，但是要把不同的策略規劃納入一個體系，自然就需要一

個企業資料庫(Corporate Data)，也唯有在一個企業資料庫的模式下，我們可以看到不同資料間的相互關係，也透過這種關係，企業將經營策略和人力資源策略連在一起，企業可以從不同角度分析這些資料，進而達到企業經營的共識。電腦化的重要性也由此可見一斑。同樣地，資料庫的建立、資料的搜集、整理、分析和維護也是以整體企業經營策略為主要依據，資料的有用性不在其本身，乃在這分資料是否有助於企業整體經營策略和人力資源策略的制定。

根據上述人力資源電腦化的方向和內容，在人力資料庫的支援下，人力資源電腦化的應用可分下面幾個相關的單元：

(1)基本人力資源資料檔案。這個單元通常是人力資源電腦化過程中首先要建立的。顧名思義，這個單元包括了員工的姓名、身分證號碼、起用日期、年齡、性別、婚姻狀況、擔任工作、住址、薪給水準、和其他企業需要的個人資料。這個單元的功能包括人力資源基本紀錄檔案、員工名冊、人力規劃統計、員工離職流動分析等。

(2)薪給待遇單元。這個單元通常從薪給紀錄(Payroll System)系統發展出來。這個單元包括了薪金等級、工作等級、工作獎金、全勤獎金、績效獎金、員工認股、薪金計算方法等有關資料。這個單元提供了薪給結構表、自動加薪名冊、薪給調查分析、工作績效獎金制度、工作績效評估比較、和員工薪給預算表等資訊。

(3)福利單元。現代企業的福利日趨複雜，福利的成本也日益增加，企業不得不對這些福利措施仔細考慮和管理。員工福利通常涵蓋企業雇用員工待遇外所負擔的直接和間接的費用。這個單元通常包括人壽保險、醫療保險、牙齒醫療、員工休假、國定假日、眷屬補助、退休儲蓄、撫卹補助、員工認股等。這個單元應提供員工年度福利通知書、員工假期紀錄表、保險費用比較分析、員工福利成本分析、員工退休金投資財務報表、退休員工福利成本分析等。

(4)訓練發展單元。這個單元的主要目的在分析比較訓練發展成本和其效果，這和員工永業發展有密切關係。訓練發展單元應包括下列資料，如課程安排、參加人數、授課地點、訓練水準、課程評估、員工訓練需要紀錄、工作資格要求、訓練時間、訓練費用等。根據這些資料，訓練發展單元系統可以提供一項訓練的總成本、單項課程講授的效果、長期和短期訓練計畫的比較分析。

(5)技術庫和工作控制系統。這個系統主要在求工作和員工的配合，也在求有效的員工訓練發展作業。一方面企業需要每個員工的教育程度、所受訓練、所具備技術的詳細資料，另一方面則記錄每項工作的資格要求、責任大小、薪給水準、所屬部門、指揮監督關係。最後企業再按一般工作職系將這些技術和工作分別歸類。有了這個單元，企業可以提供正確工作候選人名單、有效記錄員工升遷管道、提供永業諮商、企業人力資源的使用分析、工作和待遇公平分析、工作內容變遷分析等。

第四節　小結

在本章中，我們從電腦資料處理的發展和特性，著眼於人力資源管理的應用，有兩個重要的方向值得重複探討。一個是電腦科技的發展，可以帶領人力資源管理到一新的境界。人力資源資料庫的建立，會促進人力資源與其他企業功能的整合。另一個是人力資源作業的專業化，電腦的功能在許多作業中明顯地看出來。這兩方面的影響和應用只有增加的趨勢。同樣重要的是，電腦本身不能代替人力資源管理，健全的人力資源管理乃在合理的架構設計和公平專業的執行，也唯有如此，健全的資料輸入電腦，才能產生合理的結果，提供管理人員做決策的參考。

第二十二章
國際人力資源管理制度的比較

　　國際人力資源管理制度的比較，乃一新興研究題目。其最基本的研究目的有兩個：⑴隨著企業競爭環球化，每個國家的企業都可能面對著其他國家企業的競爭。因此為了更加知己知彼，國際人事管理比較有助於了解競爭者的組織方法和人力資源的運用。⑵藉著不同人事制度的比較，每個國家企業更能認識其人事管理方法的獨特性和相對性，並藉此參考其他國家的方法。

　　人力資源管理制度中，美國的制度在二次世界大戰後一直處於領導地位，很多國家的管理人員都到美國研習其管理模式。直到七〇年代和八〇年代，日本經濟在世界崛起，世人對日本管理模式刮目相看，以致日本人事管理制度亦備受重視。故此本章特以美國和日本的人事管理制度互相比較，以探討兩者的異同。第一節將先從人事管理制度比較美國和日本企業在十個要點的作法，第二節嘗試從理論層面解釋人事制度不同的背後因素。

　　但在比較之先，我們必須強調每個企業的獨特性，即使在美國企業或日本企業當中，企業與企業間的人事制度也有不同。因此本章的比較，只能從整體的層面，概括地比較兩個國家企業中一些明顯不同之處。

第一節　美、日人事制度比較

表 **22-1** 概略地比較美、日人事管理作業在十個要點的異同。由於日本的終身制、年資制、和企業工會制，號稱日本人事管理三大支柱，所以我們先從這三方面與美國人事管理制度比較。接著比較的是招募、甄選、內升、訓練、績效評估、薪酬制度、員工福利等七方面。下文將逐一說明各方面的異同。

表 22-I　美日人事管理作業比較

人事管理方法	美國企業	日本企業
終身制	個別企業不普遍	所有大型私人企業
年資制	較不重要，績效為上	十分重要
工會	以行業為主，敵對	以企業為主，合作
招募	以個人為基礎	以學校為基礎
甄選	比較簡單	十分嚴謹、費時費力
內升	內升與外選不一	佔絕大多數
訓練	注重技術、非在職訓練	思想與技術訓練，在職訓練
績效評估	個人，客觀，定期	小組，主觀，不定期
薪酬制度	差距極大	差距較小，較平等
員工福利	頗重要	十分重要

1. 終身制

在美國企業中，實行終身制的企業佔極少數，如萬國商務機械公司（IBM），就以其不解雇員工政策聞名（但IBM最近亦開始解僱員工）。但比起日本企業來說，美國的終身制極不普遍。在日本大型私人企業中，所有男性固定員工，均享有終身制，佔日本勞動人口三分之一左右。

2. 年資制

　　年資制在美國企業中並不是主流制度(除非在工會很強的行業中)。由於美國文化以業績爲主要衡量標準，在薪酬增加或職級晉升的考慮中，績效比年資更爲重要。但在日本企業中，年資乃決定薪金和職級的重要因素。例如一個年資高的技術工人，薪金可超過一個年資低的工程師。此外，在日本管理人員中，必須有相當的年資才會被考慮提升。

3. 工會

　　美國工會多以行業爲組織單位，雖然在各企業中設有分會，但在勞資協商的過程中，很多代表都是從總工會派出。並且工會與企業的關係，一直以互不信任和敵對爲主，直到八〇年代中期，因爲考慮到企業存亡的關係，工會才與企業有合作的關係。日本工會則以企業爲單位，雖然每年的春季大罷工由總會統籌，但勞資談判的權力都以企業工會爲主。另外，日本工會因員工終身制關係，多與企業保持良好和合作的關係。

4. 招募

　　美國招募方法是從多方面著手，包括廣告、學校招募、員工介紹、自薦、職業介紹中心等，但其特點皆是以個人爲招募對象。在日本企業中，招募方法差不多完全是通過學校或大學途徑，而且是每年一度的大規模招聘。此外，不同規模的企業，會到不同等級的學校招募。例如日本最好的企業，會到最好的大學或學校招聘，而次等的企業則到次等的學校招募。因此，企業和學校是建立長期的合作關係，而企業亦以學校爲初步揀選員工的方法。

5. 甄選

　　美國企業甄選員工的方法較爲簡單，通常是面試和簡單的筆試，管理人員的甄選過程則可能較爲詳盡。但日本企業則不同，因爲所有正式員工都會在企業長期工作，因此甄選工作十分嚴謹，通常花上 1 至 2 天時間，並且甄選標準不單在技能方面，更在員工的性格和人格方面。

6. 內升

美國企業員工的升遷，固然普遍，但從外面企業招聘高級管理人員的例子也不少，因為企業的基本原則是以能者居之，不論是企業內和企業外的員工，一視同仁。日本企業則不同，高級管理人員差不多全部是內部提升，因為企業的基本原則不單是選擇能幹之人員，更重要是這些人員必須熟識企業文化和企業內的人事關係，並且得到其他員工的尊敬。日本員工的升遷，一般是按時間提升，例如能幹的員工 7 年後可提升到部門主管，但在時間未到之前，破格提升的例子是絕無僅有。

7. 訓練發展

美國企業訓練員工的內容以技術和管理方法為主，而通常訓練方法是在課堂上，而非在職訓練。學童訓練計畫，在美國極不普遍，其比例低於日本和歐洲國家。日本企業方面，受訓內容不單是注意員工技術和管理方面，更重要是思想方面，包括員工對企業的歷史、文化、價值觀的學習等。此外，員工每天也誦讀企業文化規條或唱企業歌，以增加員工對企業的歸屬感。訓練方法，則以在職訓練為主。員工受聘後，在早期的階段，會不斷地輪派到不同工作崗位上，以對企業有更多認識，和學習不同的技能。日本企業訓練員工的重點，是通才訓練，而美國訓練的模式，是以專才訓練為主。

8. 績效評估

美國企業的績效評估，通常是以個人為評核對象，雖然評核方法很多，但目標是務求客觀和科學化，並且績效評估是定期進行（以一年一度最為普遍）。日本企業的評核方法則不同，通常對員工的評核是從日常觀察中得到，是比較主觀，且無固定時間。此外，評核內容不單是績效，更涉及員工的合作精神和與其他員工的交往等。因此，焦點不單是員工個人的表現，更牽涉到他在企業團體中的工作。

9. 薪酬制度

　　美國薪酬制度的特點，是以績效爲主要考慮，而且低級員工與企業總裁薪酬的差距極大，兩者相差 160 倍並非鮮見，因此貧富懸殊十分嚴重。日本企業在薪酬差距上則較小，據 1980 年的一項調查，日本企業總裁的平均薪酬，爲剛從大學招聘員工的薪酬的 7.5 倍，因此差距並不嚴重。此外，日本企業薪酬制度的設計，是按員工的生活需要而調整，例如年紀越大或子女越多的員工，薪金通常比年紀輕和單身的員工爲高。

10.員工福利

　　由於近期醫療費用的急遽提高，美國企業的員工福利開支亦按比例提高（可高達總薪酬 40%）。企業亦可開始替員工提供健身設備和諮商服務。此外，企業亦提供醫療、人壽保險及退休金等福利。日本企業的福利比美國企業的福利更爲全面，包括員工住宿、餐廳、醫院、康樂設施、子女津貼、獎金、貸款等。有研究曾比較美國家庭和日本家庭在房屋、交通、醫療服務和電費四方面的開支費用，發現在 1982 年，美國家庭在這四方面的開支佔其家庭總支出的 45%，日本家庭則爲 21%，可見日本企業對員工的福利津貼較美國企業爲高。

　　從這十方面的人事管理制度的比較，自易察覺到美日管理制度多方面不同之處。可見人事管理制度沒有不變的模式，亦沒有所謂「最佳」模式，但最重要是管理方法能因地制宜，而且作業間能彼此配合，下文將解釋爲何美日人事管理制度會不同。

第二節　影響人事制度發展的因素

　　圖 22-1 提供一個研究國際人力資源管理制度的理論架構。此理論架構認爲，每個國家的具體人事管理作業，背後都受管理哲學所影響，而此哲學的形成，都受當地社會文化和社會結構所影響。

圖 22-1　人力資源管理制度發展因素

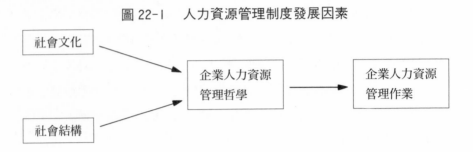

一、企業管理哲學

明顯地，美國的管理哲學與日本的管理哲學十分不同。美國管理哲學強調短暫的業績效果，員工若能幹便獲獎勵，否則便受處分或開除，企業與員工間彼此沒有責任和承諾，員工亦很容易另謀高就，跳槽是能力的表現，整個勞力市場以交易爲基礎，很少考慮到雇主與員工間的感情或忠誠問題。

日本管理哲學則不同，企業被視乎爲家庭一樣，是員工盡忠的地方，企業亦不會隨便開除員工，並且企業與員工間的關係是長期的發展，員工在企業成長，受企業保護，企業業務良好，員工也可分享獎金的成果，並引以爲榮。

綜觀美日人事管理哲學的異同，兩者都強調生產業績，不同之處在美國企業重視短期結果，日本企業重視長期結果。此外，美國企業是以外在勞工市場（External Labor Market）來調節企業內人力的需要，例如生產部門需要品質控制經理，則公開徵聘。但日本企業是以內在勞動市場調節企業內人力需要，企業一旦每年招聘剛畢業的學生後，便內部分配和培訓員工，絕少再從外在勞力市場增補人力。**圖 22-2** 以人事管理哲學，劃分及比較國際人事管理制度。

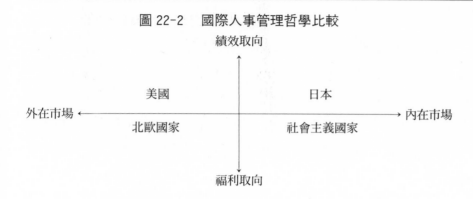

圖 22-2　國際人事管理哲學比較

二、社會文化與結構對人事管理哲學的影響

　　美日的人事管理哲學的形成，主要是受到當地社會文化和社會結構所影響，而社會文化和結構，又受本國的歷史和生態地理環境所影響。

　　美國的人事管理策略，主要受到美國文化三方面的影響：個人主義、自由主義、和快速主義。由於美國地大物博，且開國早期便受到工業化的帶動，因此人民生活模式是以個人為單位，個人在社會可以獨立生活，而不依賴團體生活，人民嚮往自給自足的生活，加上科技的不斷發展，人民習慣快捷的生活方式，做什麼乃都要很快見到效果。因此，員工與企業的關係也是一樣，員工本身是獨立個體，不用依賴任何個別企業，員工可因自己喜好，自由轉換工作，尋找適合的工作環境。同樣，企業對員工亦沒有任何義務，加上快速生活的心態，員工在企業工作一段時間便期望加薪或升職，否則便另謀發展。同樣，企業在觀察員工一段時間後而沒有表現，便會替換員工。

　　日本人事管理哲學，則主要受到日本文化兩方面的影響：團體主義和忠心。由於日本長期受農業經濟影響，加上地狹人稠，所以人民一直

過著群體生活，生產經濟單位不是個人，而是一個群體。因此，在日本人概念中，群體比個人來得重要，個人的成就與名譽，與所屬群體有直接影響。因此員工一旦屬於某企業後，便對該企業效忠，甚至過於家庭，然後一輩子在該企業工作。同樣，企業亦有義務對員工忠心，員工表現欠佳時，加以輔導和改善，而不是解雇。基於這個大前提下，其他的人事管理作業，如企業工會、內升、年資制、在職訓練、思想訓練等，都成爲合理的安排。

社會結構方面，可從人與人之間的關係和企業與企業間的關係分析。在美國社會，人與人之間關係基本上平等，不論男女老幼，在社會地位上分別很小。因此，在企業裡面，年資制、男女的不同雇用保障（Employment Security）很難推行，一切都以能力和表現爲先決條件。但日本社會則不同，人與人的關係，在團體裡劃分十分精細，老年人比年輕人受尊重、男比女受尊重等，因此，年資制都成爲合理的原則，而男性員工受終身雇用制保障亦容易被接受。企業與企業間的關係，在美國是互利和交易關係，企業雖有大小之分，卻沒有高低之分。但在日本，所有企業都以集團形式出現（或稱爲財閥集團），集團通常以一所銀行爲首，其下有些大型企業，之下又有很多的衛星企業，因此企業與企業之間多有高低之分，並且是互相依靠。在此制度下，終身雇用制便能有彈性地推行，因爲假若經濟不景氣，大型企業可把衛星企業的工作自己處理，另外年老的員工，大型企業也可將它們分派到衛星企業裡面工作，以致企業的經濟負擔得以平衡。換句話說，下屬企業便成爲大型企業推行終身雇用制的緩衝。

第三節　小結

本章簡略比較美日人事管理制度的不同，亦嘗試分析其不同的原

由。兩國由於社會文化和社會結構不同，以致出現不同的人事管理哲學，美國企業以外在勞工市場爲主要導向，日本企業則以內在勞工市場爲導向，因爲哲學的不同，所產生的人事管理作業亦不同。但本章最重要的論點是，人力資源管理制度沒有絕對的好與壞，最重要的是適合當地社會的需要，另外各作業間能彼此配合，以發揮人力資源管理制度的功能。

第二十三章
人力資源管理發展的方向

　　本書以系統的觀點分別從總體及個體的角度，分析人力資源管理的內涵。首先，人力資源管理的靜態模式（請見圖 1-2），介紹人力資源管理的重要項目，透過這個模式，可以了解各個項目的潛在關係。然後，再以人力資源管理策略模式（請見圖 2-2），動態地表示出這些項目間的因果關係。接著，配合策略和行為的相連性（請見圖 2-2），提出三個人力資源管理策略（請見第三章第五節），即吸引策略、投資策略和參與策略。依據這些策略的引導，按章節分別介紹各項人力資源支援性及功能性的作業，在各項人力資源功能運作中，企業必須清楚了解其所執行的策略及政策，進而選擇在每一個人力資源作業中，適合其策略的措施及方法。同時在每個功能項目中，重要性的原則和理念均特別重複加強，這些原則不因環境或策略的改變而不同，如甄選作業中的信效度、薪酬制度中的公平原則等。不僅如此，在每章的小結中，策略和功能的搭配作法也不時提出，以兼顧總體及個體分析的平衡，保持全書的邏輯中心觀念，也是圖 1-2 和圖 2-2 所強調的，即策略決定作業。

第一節　人力資源功能發展的方向

　　同樣地，以系統的觀點看人力資源管理，學科的發展通常有二個方向，一個方向是自身領域的提昇，使原來的原理原則益趨完美，另一個

方向是科際的整合，藉用其他學科的理論，共同解決相關性的問題。從這角度，人力資源管理發展方向可分下面幾點：

1.人力資源管理的向上整合

人力資源管理是企業管理中的一項功能，這項功能對企業的經營成效，照管理理論和原則當有其貢獻和重要性，同時在實務上也應有相等的印證。這種理論關係和事實印證在當前現實環境中仍有一段距離。若要真正了解人力資源管理對企業整體經營效果的貢獻，勢必要從企業目標的訂定和經營策略的關係著手，進而了解其他功能作業策略與整體策略的連鎖性。當目標與手段關係建立，策略的執行以達成企業目標似乎就比較明顯了。所以人力資源管理的研究應用也應從策略角度著手，一方面策略可與目標具有目的和手段的關係，另一方面策略可以發展成為一些具體可行的作業。如此，人力資源策略就好像企業目標與人力資源作業之間的橋樑，證明人力資源管理貢獻企業經營的說法。這種向上科際的整合做法，勢必仰賴策略管理的理論和實務，所以產業結構和企業競爭策略也在本書第二及第三章加以介紹。

2.人力資源管理的橫向整合

協調溝通一直是良好管理的必要條件，人力資源管理與其他企業機能相似，是企業經營所不可缺少的功能，加上人力資源管理涉及從事工作的員工，其與其他企業機能的關係顯然是相輔相成。既有如此密切關係，在管理作業上若不求協調搭配，又如何增進企業的整體經營績效。有鑑於此，在企業經營策略訂定的過程，人力資源主管的參與是有其必要，以確保人力、財務、生產等各項功能間的配合。若各功能部門都以企業經營策略為依歸，大體方向上都能步伐一致。在實務上，工作品管圈的做法、甄選名單的提供、在職訓練的安排、績效評估的推行、和企業資料庫的建立，都是比較零星整合協調的做法。當然從功能整合來看，理論與實務間仍有一段距離。

3.人力資源作業的擴大和專業化

　　人力資源管理作業因為向上和橫向的整合需要，增加許多以往沒有的活動和措施，如人力資源策略的擬定、工作小組或品管圈的建立、勞資關係的處理、工作績效評估的多元化等。同樣重要的是，因為理論和實務的發展、人力資源作業的日趨專業化，需要具有專業的人力資源管理人員負責，這樣也相對提高人力資源作業的效果。如選拔的技術、薪金制度的設計等。此外，這些作業和活動都逐漸取代傳統消極的做法，而扮演主動積極的正面角色，顯示人力資源作業對企業經營成果有直接的貢獻。

第二節　人力資源管理專業人才發展的方向

　　相應人力資源管理功能的發展，人力資源管理專業人才也面臨同樣的挑戰，一方面是要專業人才所應具備的資格條件，一方面是人力資源管理人員所應扮演的角色

1.人力資源管理專業人才的條件

　　由於向上科際整合的發展，人力資源專業人才需對企業經營以及企業所在的產業和勞動市場有相當了解，而橫向的整合則要求人力資源專業人員對企業內各項機能有清楚認識，並且體認生產、財務、行銷、研究發展等各項機能的相互關係。當然做為人力資源專業人員，對自身領域的知識技術和能力更要有相當水準。其中最重要的是對整體人力資源管理的變遷以及人力資源管理在整個企業經營中所扮演的角色有切身的感受，並且能利用環境的變遷，針對企業本身條件，提出一套合理合適的人力資源管理體系。因此人力資源管理專業人員必須在不同領域發展自己，以配合企業發展的需要。研究顯示，九○年代的人力資源專業人員應同時具備以下三方面的條件，才能克盡其職：(1)整體企業經營的知

識；(2)人力資源管理作業的專業能力；(3)協助企業進行改革創新的能力。這就是人力資源專業人才應努力的方向。

2.人力資源管理專業人才的角色

人力資源管理專業人才的角色變化，可以從全書的結構看出一個大概。一方面是企業經營環境的變化和影響，使得人力資源管理作業的內容增加，另一方面是從事人力資源管理的專業人員，其等資格條件和能力的提升。但是最主要的原因乃在人力資源功能的特性發生改變。人力資源作業的向上和橫向整合，表示人力資源管理功能就像其他企業機能一樣，對企業的整體經營有直接的貢獻。事實上，也唯有人力資源管理人員參與企業的整體經營，這種貢獻才能產生。同樣的，也只有如此做，企業的整體競爭能力才能提高。所以人力資源管理人員不應單是處理一般作業，也應主動協助不同企業功能部門，透過人力資源策略的執行，達成企業共同決定的經營策略。在這個意義上，人力資源管理專業人才不應單單扮演幕僚的角色，更是企業中其他功能不可忽略的經營伙伴(Strategic Business Partner)。若人力資源管理人才能如本書所列的，有效執行人力資源管理策略和作業，人力資源管理在企業中的功用必定日趨重要和不斷提昇。

名　詞　解　釋

1. 一次獎金(Lump Sum Payment)　指獎金的給付方法乃一次發放。

2. 人力資源(Human Resouce)　企業內所有與員工有關的資源它包括
員工的能力、知識、技術、態度和激勵。

3. 人力資源管理(Human Resouce Management)　企業內所有人力資
源的取得、運用和維護等一切管理的過程和活動。

4. 人力資源策略管理(Human Resouce Strategic Management)　企業
在一定環境和策略引導下，所有人力資源的取得、發展、運用和維
護。

5. 人事管理(Personnel Management)　與人力資源管理含義相當，指
運用科學的原則和方法來管理企業內員工的活動。

6. 人力規劃(Manpower Planning)　在未來一定期間，企業人力需求
的質和量的預估。

7. 人格、興趣、偏好(Personality, Interest, Preference)　這是人格的
總合，泛指一個人的價值觀、性格、態度和對事務的看法、傾向和
喜好程度。

8. 人格測驗(Personality Test)　用來衡量任何非智力的個人心理傾
向和喜好的測驗。

9. 人本薪資制度(Person-Based Pay System)　乃根據員工所具備的
條件如知識、技術、經驗、能力等來決定其薪資水平。

10. 工作滿足(Job Satisfaction)　個人在工作中所產生情緒上的愉快狀
態。

11. 工作滿意(Job Satisfactory)　指企業對員工工作表現的滿意狀態。

12. 工作分析(Job Analysis) 分析並決定一項職位的工作項目和從事該職位所必須具備的知識、技術和能力。

13. 工作描述(Job Description) 一項工作的責任、目的和工作環境的詳細描述。

14. 工作規範(Job Specification) 工作上必須具備的知識、技術和能力的詳細描述。

15. 工作標準法(Work Standard Approach) 企業根據時間動作分析結果和以往經驗，訂定一些標準以便指引員工按著指標完成工作。

16. 工作樣本法(Work Sampling) 將員工在工作上所從事的活動從事分類和時間計算的方法。

17. 工作輪換(Job Rotation) 將員工有系統地由一個工作調換到另一項工作，以增進其工作技能。

18. 工作分派(Special Assignment) 刻意分派員工參與委員會、計畫案等，好讓員工學習工作範疇外的問題。

19. 工作為本薪資制度(Job-Based Pay System) 以員工從事的工作為根據，以決定其等薪資水準。

20. 工作設計(Job Design) 在企業的一定環境下，對工作的內容和方法訂出一套的安排和決定。

21. 工作簡化(Job Simplification) 將工作項目再加細分，使工作更趨容易。

22. 工作擴大化(Job Enlargement) 將相類似的工作項目加入一項工作中，使這項工作包含更多工作項目。

23. 工作豐富化(Job Enrichment) 將一項工作的工作所需技能予以增加，這是工作層面縱的擴大。

24. 工作分享(Job Sharing) 將一項工作分派兩個人以部分時間方式來完成。

25.工作安全(Job Safety)　企業爲預防或消除意外事故所做的各項活動和措施。

26.工會幹事(Steward)　工會派駐在某一工廠或部門的代表，其職責在接受申訴、收取會費和吸收新的成員。

27.工作保障(Job Security)　指員工受到一定程度的保護，免於任意的工作指派、降級或解雇的威脅。

28.外在勞動市場(External Labor Market)　企業外可能招募的勞動力。

29.內在勞動市場(Internal Labor Market)　企業內在所可能調用的員工。

30.內容效度(Content Validity)　指一項甄選方式的確衡量從事一項工作所需的技術和能力。

31.公文籃訓練(In-Basket Exercise)　將模擬的管理問題，書寫成文放在籃內，讓受試者逐次處理這些文件。

32.中年事業危機(Mid-Career Crisis)　指一個人的事業因生理和時間的壓力，促其重新思考原來的永業目標和人際關係所面臨的困難。

33.內在公平(Internal Equity)　企業內不同職位的薪資水平乃按照各職位對企業的相對價值。

34.分配式談判(Distributive Bargaining)　談判兩造意見不一致時，一方的損失是另一方的獲得。

35.內務談判(Intraorganizational Bargaining)　在談判過程中，談判代表與其所代表的一方的連繫和談判。

36.文字處理(Word Processing)　泛指一切處理文字的電腦軟體。

37.外招職位(Port of Entry)　指企業內訴諸外在勞動市場的職位。

38.市場文化(Market Culture)　企業以工作導向和目標完成爲其主要經營理念。

39.目標釐定法(Objective-Based Approach) 以目標的預先設定做爲事後績效衡量的做法。

40.申請表(Application Blank) 取得申請人個人背景資料和目前工作情況的表格。

41.永業路徑(Career Path) 個人永業發展的各個里程碑。

42.外在公平(External Equity) 企業與其他相當企業的薪資水準比較的一致性。

43.生活調整指數(Cost of Living Allowance) 因應物價指數上升,所做的薪資水準相對應的調整。

44.企業資料庫(Corporate Data) 泛指企業所有的可應用的資料。

45.企業文化(Business Culture) 企業內員工共享的一些價值觀和信念。

46.名義團體訓練(Nominal Group Teaching) 透過團體互動的過程,進行團體的預測工作。

47.行爲定向法(Behaviorally Anchored Rating Scale) 按照預定的工作績效項目和行爲標準評分,評定員工有無特定的行爲表現。

48.行爲觀察法(Behavioral Observation Scales) 與行爲定向法相似,但在行爲標準評分中,只列示重要的行爲表現。

49.同時效度(Concurrent Validity) 指甄選測驗的成績和目前工作績效表現有相關性。

50.多階選定(Multiple Hurdler) 指將各項預測指標,按其等性依序排列,惟有每項測驗均合標準時,候選人方被錄取。

51.企業經營演習(Business Games) 或稱企業遊戲,乃將整個企業運作用經濟和成本的觀念模擬操作以視企業整體經營的狀況。

52.行爲模式(Behavior Modeling) 用錄影和角色扮演,使受訓者可以模仿那些已具備能力的人。

53. 因素比較法(Factor Comparison)　是工作評價方法的一種，乃是用關鍵工作和工作的組成因素為比較評價基礎。每個因素都有固定數值以便總加。

54. 同工同酬(Equal Pay for Equal Work)　相類似的工作量和工作質等，應有相等的報酬。

55. 仲裁(Arbitration)　將勞資雙方爭執不下的問題，交由仲裁者，利用公聽會方式來解決。

56. 告訴說服法(Tell and Tell Method)　讓員工知道上司對他們的工作評估，也希望員工接受上司給他們的工作檢討。

57. 告訴聆聽法(Tell and Listen Method)　一方面由上司告訴其對員工評核的結果，一方面也讓員工有機會表達對評核的反應。

58. 近因誤差(Recency Effect)　在工作評核過程中，上司過分受到員工最近工作表現的影響。

59. 角色扮演(Role Playing)　參與者實際扮演個案的角色，盡量揣摩角色的內涵，角色扮演後有小組成員的回饋。

60. 利潤分享(Profit Sharing)　企業在正常給付外，再按整個企業的總生產或利潤，給予所有員工一定數額的獎金。

61. 利益分享(Gain Sharing)　泛指因生產力提高而增加的給付制度。

62. 非定向面談(Non-Directed Interview)　在面談中，由受試者自己決定所要談論的主題和順序。

63. 官僚文化(Bureaucratic Culture)　企業以結構和正規化為主要經營理念，員工行事都有規章可尋。

64. 吸引策略(Inducement Strategy)　在處理人力資源作業上，企業純粹以直接和簡單的利益交換為主要做法。

65. 投資策略(Investment Strategy)　在處理人力資源作業上，企業以建立相互長期關係為出發點，視員工為主要投資對象。

66. 知識、技術和能力（Knowledge, Skills and Ability, KSA）　這是綜合能力，它包括擁有的知識了解、經驗，以及未來發展的潛力。

67. 直接排列（Straight Ranking）　按照一項評估因素，將被評估的人按照好壞順序加以排列。

68. 長期兼職（Permanent Part-Time）　工作雖不是整天或整週，但工作性質卻是長期性的。

69. 明尼蘇達問卷（Minnesota Job Description Questionnaire）　工作分析方法的一種，主要從工作者主管的回答來分析。

70. 相對標準法（Comparative Standard Approach）　在工作評核中，這個方法著重員工之間的比較。

71. 招募（Recruitment）　企業透過不同媒介找尋潛在員工並激發這些人前來企業應徵的過程。

72. 信度（Reliability）　指一項測驗工具的可靠性。

73. 面談（Interview）　為了某一目的，兩個人或多數人進行會談。

74. 個案研究（Case Study）　是一種管理能力發展的訓練方法，每個人就不同角度提出解決辦法，並加討論以學習到觀察、分析和解決問題的能力。

75. 個別訓練（Coaching）　上司在日常工作中，給予下屬個別指導。

76. 挫折工人（Discouraged Workers）　任何想工作但又認為找不到工作的失業者。

77. 家族文化（Clan Culture）　企業以尊重傳統忠心信賴為主要經營理念。

78. 效度（Validity）　指一項預測標準達到所要衡量標的的準確程度。

79. 缺勤（Absenteeism）　指不必要、無理由或習慣性的缺席。

80. 效率（Efficiency）　產出和投入的比率。

81. 配對比較法（Paired Comparison）　將每一個員工與所有其他員工

逐一比較加以排列優劣。

82.重要事件法(Critical Incident)　對影響工作績效的重大行為予以列出，藉此分析員工行為是否配合。

83.個別人才羅致(Head Hunting)　企業專門為特定工作找特定的人選。

84.退休(Retirement)　因為年齡、疾病或工作年資而引起自願或非自願性雇用關係的終止。

85.訓練發展(Training & Development)　增進員工現在或將來工作績效的學習過程。

86.員工間公平(Employee Eguity)　企業內相同工作員工間的薪資公平。

87.產品獨特策略(Product Differentiation Strategy)　以獨特產品來爭取市場佔有率的策略。

88.發展文化(Developmental Culture)　企業以創新和成長為主要經營理念。

89.參與策略(Involvement Strategy)　企業將決策權力授予最低層，讓大多數員工能有參與決策的機會，增進其對決策的歸屬感，從而提高主動性和創新性。

90.得爾法(Delphi Method)　從專家們搜集意見，進而達成對未來事件發生的一致認識和了解。

91.間隔排列(Alternate Ranking)　是一種評核法，上司從最好和最壞排起，逐次將所有員工予以評定。

92.強制分配(Forced-Distribution Method)　先將受評者予以好壞排列，然後按一定百分比率重新分成不同等級。

93.理性效度(Rational Validity)　基於理性和經驗判斷一項預測指標可以預估未來績效的準確程度。

94.基本比率(Base Rate) 在現有員工中工作表現良好人數所佔的比率。

95.參考履歷(Reference) 第二者提供有關應徵者的資料。

96.集體談判(Collective Bargaining) 指勞資雙方互推代表，決定勞動契約內容的過程。

97.勞動力(Labor Force) 代表一個地區或國家可被雇用的總人數。

98.絕對標準法(Absolute Standard Approach) 首先訂定評核標準，然後再按此標準，評核員工的做法。

99.集中傾向誤差(Central Tendency) 指大多數的員工均被評為中庸。

100.項目不足(Deficiency) 指評估項目不足所造成的誤差。

101.項目混淆(Contamination) 指評估項目過多，干擾或扭曲評估結果。

102.評估中心(Assessment Center) 一種多樣式的考選方法，將一群人集中一處予以各種評考測驗。

103.無過失缺勤(No-Fault Absenteeism) 認定員工缺勤而非自願或有意的。

104.單一薪俸(Flat Rate) 按照勞動市場薪資調查結果，給付每一個做相同工作的員工一樣的報酬。

105.最終條件裁決(Final Offer Arbitration) 仲裁者不能提出折衷方案而必須就爭議雙方的建議加以決定。

106.管理職位描述問卷(Management Position Description Question-naire) 工作分析方法的一種，主要以工作項目單為分析工具。

107.暈光效果(Halo Effect) 評估人因對受評人的一般印象，而對特定評定項目有不當評定。

108.經驗效度(Empirical Validity) 指標的準確程度是透過實際觀察和

測驗的結果。

109.預測效度(Predictive Validity)　指標的準確程度是從事前的才能測驗和事後的工作績效評定而來。

110.概念效度(Construct Validity)　指標的準確程度在於其是否可以衡量一項概念或特質。

111.圍團(Picketing)　勞工在企業經營場所用和平方式向第三者宣告其與企業爭議的存在。

112.禁令(Injunction)　由法官頒佈，禁止特定個人或團體從事某一特定行爲以免傷害到整個大衆的權益。

113.甄選(Selection)　從應徵者中遴選出最適合的作業過程。

114.模擬訓練(Vestibule Training)　將實際工作內容或程序轉到教室內模擬，讓參與者有親自操練機會。

115.甄選比率(Selection Ratio)　是雇用人數和所有應徵人數的比值。

116.調停(Mediation)　在勞資爭議不決時，有第三者幫助爭議雙方找出爭議癥結，並提出解決衝突的建議。

117.帳務處理(Spread Sheet)　任何有處理帳務編列資產負債、收支明細表的電腦軟體。

118.價廉競爭策略(Cost Competition Strategy)　以高科技或生產規模或財務實力或靈活銷售通路等方法，以致以低價銷售產品的策略。

119.標準工作(Benchmark Job)　任何用以比較的工作。

120.點數法(Point System)　工作評值方法之一，乃是將工作有關因素訂出並設定各個因素的點數，最後將所有因素點數加總就代表該工作的價值。

121.彈性福利(Flexible Benefit)　一般是由企業設定一定福利額度，然後由員工按照自己需要選擇所喜好的福利項目。

122.彈性工時(Flexible Time)　在核心工作時間外，員工可自由選定其

餘的工作時間。

123.隨意罷工(Wildcat Strike) 沒有約定不合勞動契約或勞工法令的罷工。

124.獎勵(Incentive) 對員工超水準表現的鼓勵和報酬。

125.壓縮工作週(Compressed Work Week) 以每日較長的工作時間來換取每週較短的工作日。

126.離職(Turnover) 企業員工流出的情形。

127.職業名稱辭典(Dictionary of Occupational Titles, DOT) 是一個標準化的職業資訊介紹辭典。

128.薪資結構(Pay Structure) 企業內不同工作職位的薪資比較和等級差距。

129.薪資水平(Pay Level) 員工領取的薪資額度。

130.薪資領域(Pay Range) 指一項職系的最高和最低給付額度。

131.薪資等級(Pay Grade) 指一項職系中所劃分的職等,每個職等又有最高和最低給付額度。

132.臨時解僱(Lay Off) 由於經濟因素而引起雇用關係的暫時終止。

133.檔案管理(File Management) 泛指可納入電腦的檔案文件的分類、儲存和應用。

134.權數申請表(Weighted Application Blank) 利用統計方法,對申請表中各項目予以不同配分,以決定一個申請者的評分。

135.靈活消費帳戶(Flexible Spending Accounts) 員工可以自己決定所需要福利的額度,並以此額度設定帳戶支出各項福利開銷。

參 考 書 目

第一章

H. Heneman, D. Schwab, J. Fossum, & L. Dyer, *Personnel/ Human Resource Management,* 4 th ed., (Irwin, 1989), Chapter 1.

第二章

M. Porter, *Competitive Strategy*, (New York: Free Press, 1985).

L. Raynold, S. Masters, and C. Moser, *Labor Economics and Labor Relations*, 9 th ed., (Prentice-Hall, 1986).

P. Osterman, ed., *Internal Labor Markets*, (MIT Press, 1984).

R. Niehaus & K. Price, *Creating The Competitive Edge Through Human Resource Applications, (New York: Plenum Press, 1988)*.

A. Manzini & J. Gridley, *Integrating Human Resources and Strategic Business Planning*, (New York: Amacom, 1986).

第三章

M. Porter, *Competitive Strategy*, (New York: Free Press, 1985).

A. Yeung, W. Brockbank, & D. Ulrich, "Organizational Culture and Human Resource Practices: An Empirical Assessment", *Research in Organizational Change & Development*,

(Vol 5, 1990, JAI Press), pp. 59–81.

G. Milkovich & J. Boudreu, *Human Resource Management*, 6 th ed., (Irwin, 1991), Chapter 3.

R. Schuler & S. Jackson, "Linking Competitive Strategies With Human Resource Management Practices", *Academy of Management Executive*, (1, (3)), pp. 207–219.

H. Heneman, D. Schwab, J. Fossum, & L. Dyer, *Personnel／ Human Resource Management*, 4 th ed., (Irwin, 1989), Chapter 3.

第四章

M. Porter, *Competitive Strategy,* (NY: Free Press, 1985).

H. Heneman, D. Schwab, J. Fossum, & L. Dyer, *Personnel／ Human Resource Management,* 4 th ed., (Irwin, 1989), Chapter 1.

第五章

W. Cascio and D. Sweet, *Human Resource Planning, Employment, and Placement,* (Bureau of National Affairs, 1989).

J. Walker, *Human Resource Planning,* (McGraw Hills, 1980).

H. Heneman, D. Schwab, J. Fossum, & L. Dyer, *Personnel／ Human Resource Management,* 4 th ed., (Irwin, 1989), Chapter 8.

D. Bartholomew, A. Forbes, & S. McClean, *Statistical Techniques for Manpower Planning,* 2 nd ed., (John Wiley & Sons Ltd., 1991).

第六章

J. Ghorpade, *Job Analysis: A Handbook for the Human Resource Director,* (Prentice-Hall, 1988).

H. Heneman, D. Schwab, J. Fossum, & L. Dyer, *Personnel／Human Resource Management,* 4 th ed., (Irwin, 1989), Chapter 4.

第七章

R. Schuler, N. Beutell, & S. Youngblood, *Effective Personnel Management,* 3 rd ed., (MN: West Publishing, 1989), Chapters 7 & 8.

H. Heneman, D. Schwab, J. Fossum, & L. Dyer, *Personnel／Human Resource Management,* 4 th ed., (Irwin, 1989), Chapter 6.

第八章

M. Beer, "Notes on Performance Appraisal" in Beer, M. & Spector, B. eds., *Readings in Human Resource Management,* (NY: Free Press, 1985).

R. Schuler, N. Beutell, & S. Youngblood, *Effective Personnel Management,* 3 rd ed., (MN: West Publishing, 1989), Chapters 7 & 8.

H. Heneman, D. Schwab, J. Fossum, & L. Dyer, *Personnel／Human Resource Management,* 4 th ed., (Irwin, 1989), Chapter 6.

第九章

H. Heneman, D. Schwab, J. Fossum, & L. Dyer, *Personnel／Human Resource Management,* 4 th ed., (Irwin, 1989), Chapter 9.

E. Sidney, ed., *Managing Recruitment,* 4 th ed., (Gower, 1988).

第十章

H. Heneman, D. Schwab, J. Fossum, & L. Dyer, *Personnel／Human Resource Management,* 4 th ed., (Irwin, 1989), Chapter 10.

J. Hartigan & A. Wigdor, ed., *Fairness in Employment Testing,* (National Academy Press, 1989).

第十一章

H. Heneman, D. Schwab, J. Fossum, & L. Dyer, *Personnel／Human Resource Management,* 4 th ed., (Irwin, 1989), Chapter 11.

J. Hartigan & A. Wigdor, ed., *Fairness in Employment Testing,* (National Academy Press, 1989).

第十二章

A. Simon, *Administrative Behavior,* (New York: Free Press, 1976).

H. Heneman, D. Schwab, J. Fossum, & L. Dyer, *Personnel／Human Resource Management,* 4 th ed., (Irwin, 1989), Chapter

12.

第十三章

H. Heneman, D. Schwab, J. Fossum, & L. Dyer, *Personnel／Human Resource Management*, 4 th ed., (Irwin, 1989), Chapter 12.

M. Arthur, D. Hall, & B. Lawrence, ed., *Handbook of Career Theory*, (Cambridge University Press, 1989).

第十四章

H. Heneman, D. Schwab, J. Fossum, & L. Dyer, *Personnel／Human Resource Management*, 4 th ed., (Irwin, 1989), Chapter 13.

E. Hawthrone, *Evaluating Employee Training Programs*, (Quorum Books, 1987).

R. Swanson & D. Gradous, *Forecasting Financial Benefits of Human Resource Development*, (Jossey-Bass Publisher, 1988).

第十五章

G. Milkovich & J. Boudreu, *Human Resource Management*, 6 th ed., (Irwin, 1991), Chapter 12.

E. Lawler, *Pay and Organization Development*, (Reading, MA: Addison Wesley, 1981).

G. Milkovich & J. Newran, *Compensation*, 3 rd ed., (Irwin, 1990).

第十六章

G. Milkovich & J. Boudreu, *Human Resource Management,* 6 th ed., (Irwin, 1991), Chapter 12.

E. Lawler, *Pay and Organization Development,* (Reading, MA: Addison Wesley, 1981).

G. Milkovich & J. Newman, *Compensation,* 3 rd ed., (Irwin, 1990).

第十七章

G. Milkovich & J. Boudreu, *Human Resource Management,* 6 th ed., (Irwin, 1991), Chapter 12.

H. Heneman, D. Schwab, J. Fossum, & L. Dyer, *Personnel／ Human Resource Management,* 4 th ed., (Irwin, 1989), Chapter 16.

第十八章

H. Heneman, D. Schwab, J. Fossum, & L. Dyer, *Personnel／ Human Resource Management,* 4 th ed., (Irwin, 1989), Chapter 19.

R. Schuler, N. Beutell, & S. Youngblood, *Effective Personnel Management,* 3 rd ed., (MN: West Publishing, 1989), Chapters 7 & 8.

第十九章

H. Heneman, D. Schwab, J. Fossum, & L. Dyer, *Personnel／*

Human Resource Management, 4th ed., (Irwin, 1989), Chapter 20.

W. French, *Human Resource Management,* (Boston: Honghton Miffin Company, 1980), Chapter 20.

R. Schuler, N. Beutell, & S. Youngblood, *Effective Personnel Management,* 3rd ed., (MN: West Publishing, 1989), Chapters 7 & 8.

第二十章

H. Heneman, D. Schwab, J. Fossum, & L. Dyer, *Personnel╱ Human Resource Management,* 4th ed., (Irwin, 1989), Chapters 17&18.

A. Sloane & F. Witney, *Labor Relations,* 4th ed., (NJ: Prentice-Hall, 1981.)

第二十一章

J. Martin, *Managing The Data-base Environment,* (Prentice-Hall, 1983).

R. Schuler & S. Youngblood, *Effective Personnel Management,* 2nd ed., (1986).

第二十二章

S. Marshland & M. Beer, "Notes on Japanese Management and Employment", in Beer, M. & Spector, B., eds., *Reading in Human Resource Management*, (NY: Free Press, 1985).

A. Yeung & G. Wong, "A Comparative Analysis of the Practices and Performance of Human Resource Management Systems in Japan and the PRC", in *Research in Personnel and Human Resource Management*, (Vol 2, 1990, JAI Press), pp. 147—170.

G. Milkovich & J. Boudreu, *Human Resource Management*, 6 th ed., (Irwin, 1991), Chapter 12.

第二十三章

D. Ulrich, W. Brockbank, & A. Yeung, "Human Resource Competencies of the 1990 s: An Empirical Assessment", *Personnel Administrator*, (Vol 34, No. 11), pp.91—93.

生產與作業管理　潘俊明／著

　　本書取材豐富，多所比較東、西方不同的營運管理概念及作法，並不斷充實國內外此一領域的新課題，使內容更完整。書中文字深入淺出，相關討論分門別類且兼具理論與實務，適合作為各學習階段之教科書。「生產與作業管理」課程內容豐富，本書已將此一學門所有重要課題包括在內，章節之編排有條有理，可協助讀者瞭解本學門中各重要課題以及可用之模型、決策思潮與方法等，並藉以建立讀者的管理思想體系及管理能力。

國際企業管理　陳弘信／著

　　國際企業經營管理本身包羅萬象，涉及層面廣且深，有鑑於此，本書綜合各領域，歸納成國際經濟與環境、國際金融市場、國際經營與策略、國際營運管理四大範疇說明。在內容編排上，每章都附有架構圖，並列有學習重點，條列探討主題；另外配合實務個案的引導教學以及個案問題與討論，讓讀者運用所學，進行邏輯思考與應用，反思回饋產生高學習效果。

管理學　榮泰生／著

　　近年來面對企業環境的急遽變化，企業唯有透過有效的管理才能夠生存及成長。不管是那種行業，任何有效的管理者都必須發揮規劃、組織、領導與控制功能，本書即以這些功能為主軸，說明有關課題。

　　除此之外，本書亦融合了美國著名教科書的精華、最新的研究發現及作者多年擔任管理顧問的經驗。在撰寫上力求平易近人，使讀者能夠快速掌握重要觀念，並作到觀念與實務兼具，使讀者能夠活學活用。除可作為大專院校「企業管理學」、「管理學」的教科書，以及各進階課程的參考書籍，從事實務工作者，也將發現本書是充實管理理論基礎、知識及技術的最佳工具。

成本與管理會計　　王怡心／著

　　本書整合成本與管理會計的重要觀念，內文解析詳細，討論從傳統產品成本的計算方法到一些創新的主題，包括作業基礎成本法 (ABC)、平衡計分卡 (BSC) 等。

　　在重要觀念說明部分，本書搭配淺顯易懂的實務應用，讓讀者更瞭解理論的應用。每章有配合章節主題的習題演練，並於書末提供作業簡答，期望讀者能認識正確的成本與管理會計觀念，更有助於實務應用。

策略管理學　　榮泰生／著

　　本書的撰寫架構是由外（外部環境）而內（組織內部環境），由小（功能層次）而大（公司層次），使讀者能夠循序漸進掌握策略管理的整體觀念。同時參考了美國暢銷「策略管理」教科書的精華、當代有關研究論文，以及相關個案，向讀者完整的提供最新思維、觀念及實務。另外，充分體會到資訊科技及通訊科技在策略管理上所扮演的重要角色，因此在有關課題上均介紹最新科技的應用，如數位企業的價值鏈、空間競爭下的波特五力模型等。

國際財務管理　　劉亞秋／著；蔡政言／修訂

　　國際金融大環境的快速變遷，使得跨國企業不斷面臨更多挑戰與機會。財務經理人必須深諳市場才能掌握市場脈動，熟悉並持續追蹤國際財管各項重要議題發展，才能化危機為轉機，化利空為又一次的機會。

　　本書適合大專院校及碩士班「國際財務管理」課程使用。大專院校學生研習本課程者，應先對基礎「財務管理」課程之重要觀念有適度理解；碩士班研究生使用本書，可配合每一章所列參考文獻選取相關論文閱讀，以加強對各項議題的認知。書中所介紹之各項觀念亦對實務界人士有所助益，可作為參考用書。

財務管理　戴欽泉／著

　　在全球化經營的趨勢下，企業必須對國際財務狀況有所瞭解，方能在瞬息萬變的艱鉅環境中生存。本書最大特色在於對臺灣及美國的財務制度、經營環境作清晰的介紹與比較，並在闡述理論後，均設有例題說明其應用，以協助大專院校學生及企業界人士瞭解相關課題。

　　本書融合了財務管理、會計學、投資學、統計學、企業管理觀點，以更宏觀的角度分析全局，幫助財務經理以全盤化的思考分析，選擇最適當的財務決策，以達成財務（企業）管理的目標──股東財富極大化。

行銷管理　李正文／著

　　作者在本書中提供了紮實的行銷基本功，將各行銷理論作完整的介紹，並精心構思出幾點不同於一般行銷管理書籍的特色：1.將所有案例、實際商業資料分門別類，配合理論交叉安排呈現在文中，讀來既有趣又輕鬆。2.引進大量亞洲相關行銷商業資訊，不似其他書籍讓人以為只有西方國家才有行銷。3.融合各國行銷案例，使本書除了基礎原理之外實則有國際行銷之內涵，讓閱讀的學子能夠輕鬆舉一反三，將行銷管理知識融會貫通成為自身的智慧。

經濟學　王銘正／著

　　作者大量利用實務印證與鮮活例子，使讀者可以清楚瞭解本書所要介紹的內容。在全球金融整合程度日益升高之際，國際金融知識也愈顯重要，因此本書也用了較多的篇幅介紹「國際金融」知識，並利用相關理論說明臺灣與日本的「泡沫經濟」以及「亞洲金融風暴」。本書也在各章的開頭列舉該章的學習重點，有助於讀者一開始便對每一章的內容建立起基本概念，並提供讀者在複習時自我檢視學習成果。

成本會計（上）（下）　　費鴻泰、王怡心／著

　　本書依序介紹各種成本會計的相關知識，並以實務焦點的方式，將各企業成本實務運用的情況，安排於適當的章節之中，朝向會計、資訊、管理三方面整合應用。不僅可適用於一般大專院校相關課程，亦可作為企業界財務主管及會計人員在職訓練之教材。

管理會計　　王怡心／著

　　由於資訊知識和通訊科技的進步，企業 e 化的程度提高，造成經濟環境產生很大的變革。本書詳細探討各種管理會計方法的理論基礎和實務應用，並且討論管理會計學傳統方法的適用性與新方法的可行性，適用於一般大專院校商管學院管理會計課程使用，也適用於企業界的財務主管、會計人員和一般主管，作為決策分析的參考工具。

國際貿易實務詳論　　張錦源／著

　　本書詳細介紹買賣的原理及原則、貿易條件的解釋、交易條件的內涵、契約成立的過程、契約條款的訂定要領等，期使讀者實際從事貿易時能駕輕就熟。

　　同時，本書按交易過程先後作有條理的說明，期使讀者對全部交易過程能獲得一完整的概念。除了進出口貿易外，對於託收、三角貿易、轉口貿易、相對貿易、整廠輸出、OEM 貿易、經銷、代理、寄售等特殊貿易，本書亦有深入淺出的介紹，以彌補坊間同類書籍之不足。

國際貿易實務　　張錦源、劉　玲／編著

　　本書以簡明淺顯的筆法闡明國際貿易的進行程序,並附有周全的貿易單據,如報價單、輸出入許可證申請書、郵遞信用狀、電傳信用狀、商品輸出檢驗申請書、海運提單、空運提單、領事發票及保結書等,同時有填寫方式與注意事項等之說明,再輔以實例連結,更能增加讀者實務運用的能力。

　　最後,本書於每章之後,均附有豐富的習題,以供讀者評量閱讀本書的效果。

國際貿易實務新論　　張錦源、康蕙芬／著

　　本書旨在充作大學與技術學院國際貿易實務課程之教本,並供有志從事貿易實務的社會人士參考之用。其特色有:按交易過程先後敘述其內容,對每一步驟均有詳細的說明,使讀者對全部交易過程能有完整的概念;依據教育部頒布之課程標準編寫,可充分配合教學的需要;每章之後都附有習題和實習,供讀者練習;並提供授課教師教學光碟,提昇教學成效。

國際貿易理論與政策　　歐陽勛、黃仁德／著

　　本書乃為因應研習複雜、抽象之國際貿易理論與政策而編寫,對於各種貿易理論的源流與演變,均予以有系統的介紹、導引與比較,採用大量的圖解,作深入淺出的剖析,由靜態均衡到動態成長,由實證的貿易理論到規範的貿易政策,均有詳盡的介紹,讀者若詳加研讀,不僅對國際貿易理論與政策能有深入的瞭解,並可對國際經濟問題的分析收綜合察辨的功效。

國際貿易實務　張盛涵／著

本書主要之特色有以下兩者：1.於各章節之貿易實務主題中，展示其運作原理，協助讀者瞭解貿易實務規範的背後原理，培養讀者面對龐雜貿易事務時，具有洞悉關鍵，執簡馭繁的能力。2.鑑於中國大陸的重要性與日俱增，故本書對兩岸的貿易用語有所差異的部分均予標示並陳，以利讀者明悉對岸用語，彌縫雙方差異。至於本書其他特色，擬不於此簡介細述，留待讀者各自探索品味。

國際貿易原理與政策　康信鴻／著

GATT、APEC、WTO、特別301……這些新聞中常常出現的用語，想必大家早已耳熟能詳。然而，您真的認識它們嗎？本書不但能幫助您理解這些國貿詞彙背後的經濟學意義與原理，更能讓您明瞭：面對此全球化巨變，臺灣應有怎樣的具體因應之道。換句話說，本書不但深入淺出地介紹重要的國際貿易理論，更具體而微地探討臺灣的國際貿易政策。